JN193899

天皇が統帥する自衛隊

「國體」と「國防」

堀　茂

展転社

薦める詞

東京大學名譽教授　小堀桂一郎

國際紛爭の上で非常緊急の事態が生じ、我が自衛隊が現實に武力行使に及ばざるを得ない局面に立ち到つた時、その出動命令を下すのは法規上は自衛隊の最高指揮官たる内閣總理大臣である。だが敵方のみならず我が方にも戰闘による死者が生ずる恐れの十分にある武力衝突の場合、總理大臣の開戰命令を國民が擧げて支持しなかつたらどうなるか。殊に戰爭忌避の妄執に凝り固まつた反體制側ジャーナリズムが總理の決斷に反對を唱へたらどうするか。國政に關する權能を有しないと現憲法に規定された天皇は、此の時總理の決定を承認するとも拒否するとも表明できない立場に在られる。さうした國論の分裂は危急の際には卽時に敵方の我が本土への侵寇を招く事にならう。

この難問について考へ、答へる事を立法府の政治家達は皆回避して来た。この論題への參入は、どちらに轉んでも所詮票の獲得には繫らないからである。民間の軍事評論家達も、現憲法を前提として論ずる限り、實効性のある議論を出す事はできない。

ところがこの難問に敢然と挑戰したのが本書の著者堀茂氏である。氏の論策も勿論直ちに實効性を謳ふ事はできない。それだけに、その様な事態に直面した時、汝はどう行動するのか、立場は決つてゐるのか、との氏の問ひかけは一層嚴しいものとなる。讀者は一國民としてこの警告を眞劍に受け止め、一朝有事の際に自身の選ぶ言葉を今から考へておかなくてはならない。本書の一讀を江湖にお奬めする所以である。

はじめに

令和の御代となり新帝陛下の御卽位を壽ぐ氣持ちは誰よりも持つてゐるつもりなのだが、同時に心中〝このままでいいのか〟といふ〝違和感〟のやうなものが燻り續けてゐるのも正直な処である。端的に云へば、それは天皇陛下と政治そして自衛隊（軍）との關係である。いま陛下は政治から離れてをられる（勿論國事行爲といふ「政治行爲」をされてはゐるが）、そして自衛隊といふ實力組織との關係となると、それは遙か遠くと云ふより、全く接點すら見えない狀況である。かつて大日本帝國憲法で規定されてゐた國家元首として統治權を總攬され、大元帥として陸海軍を統帥されてゐた時の陛下ではない。

勿論陛下はどういふお立場であらうと、常に國民に寄り添ひ、國家國民の安寧を只管祈つてをられる。我が國はいつの時代も陛下を中心に纏まり、力を合はせてきた長い歴史を有してゐる。特に終戰の詔書に込められた大御心、「萬世ノ爲ニ太平ヲ開カム」とのご決意こそ、國民が歔欷しつつも祖國再建の誓ひとなつた。だが、戰後復興を率先された陛下ご自身は、懼れながら「現行憲法」により「象徵」といふ曖昧かつ抽象的な存在となり給うた。

本來的に國際法違反である〝占領憲法〟の呪縛は、昭和、平成を經て令和となつた今も續いてゐる。肝心な實力組織である自衛隊は、憲法にも規定されず、未だ國軍にもなれない日陰の存在である。本來、國軍の統帥といふものは國家元首が担ふものであり、君主制國家であれば國王である。そして國軍は國王に忠誠を誓ふのである。

我が國はどうか。懼れながら統帥されない「象徴」たる陛下に自衛隊は忠誠を誓へるのか。自衛隊は統帥主體不在の「軍」なのである。統帥主體不在といふことは、取りも直さず忠誠對象も不在といふことである。

米國のやうに共和制國家であれば國家元首は大統領である、同時に軍の統帥、指揮も大統領である。合衆國軍隊は國家と國旗、そして憲法に對して忠誠を誓つてゐるといふ。政府に對してではない、まして大統領個人に對してでもない。この「國家と國旗」や「憲法」といふある意味抽象的對象に「忠誠」を誓ふとは、どういふことなのか。

ある人は自身と家族を守ることが國を守ることと同義であり、ある人は合衆國建國以來市民の義務であり責務として捉へてゐるといふ。米國は獨立以來、有事の際は市民自身が武裝して守るのが基本であつた。所謂プロフェッショナルな軍隊が忌避されてきた歴史がある。共和制國家における「常備軍」が、政治の私兵となることを恐れてゐたのである。

勿論君主制、共和制を問はず、何れの政體にあつても軍は政治の私兵であつてはならない。それに比して警察は行政機構の一員であり、政府の意思以上に動くことは出來ない。だが嚴密に云へば軍は政府の「統制」を受ける存在ではあるが、獨自の自律性と自立性を有してをり、行政機構とは別の存在である。故に文民優位の原則はあるものの、一旦作戰命令が下つた後は、軍の獨擅場となる。政治の容喙は許されない。これが民主主義國における政軍關係の基本であらう。

だが軍隊といふものを具體的にどう統制、管理していくか、それは口で云ふほど簡單ではない。例へば米國においても第二次大戰中史上最大に膨張した「常備軍」といふ存在を、戰後においてどうするか、それは大きな課題であつた。戰勝國、敗戰國とを問はず戰後の動員解除といふものは動員より遙かに困難で、直ぐ平時の體制には戻せないのである。また戰時に大統領の權限が強化されてゐたことも同樣であつた。

これが今日喧しく云はれる「文民統制」といふものの濫觴である。だが、米國が合衆國軍をどう統制するかといふことと、我が國のやうな軍隊とは似て非なる警察的組織である自衛隊の「統制」とは、遙かに次元が異なるものであつた。まして軍事を忌避する「市民」政治家や官僚に、米國流「文民統制」の本質など解るはずがなかつた。

「統制」といふことで云へば、戰後各都道府県に公安委員會が設置され、警察が「市民」により管理監督される新組織として再編された意味と同じであらう。所謂民主的な市民警察である。周知のやうに自衛隊もその出自を警察予備隊としてゐるので、ある意味、軍事素人の「市民」が「統制」する民主的な「軍隊」といふことなのかもしれない。

だが軍隊の本質は、民主的なものと眞逆である。個人の意思や考へといふものが捨象される、目的達成のためには個人の犧牲も厭はない組織である。指揮官の命令一下、命を的に戰はねばならない義務を有してゐる。それは武士が主君のために生き、そして死んだやうに、全くの無私であり究極の利他主義である。

よつて軍隊の本質は「主」の爲に死ぬ組織と規定しうる。ならば、その「主」とはなにか。勿論大統領や總理大臣個人であるはずはない、彼らは自身の屬するものの爲に死ぬのである。それを敷衍すれば國家、國民といふことにもならう。だが、我が國において「主」とは、それら總てを包含する國體といふものの象徴的具現たる皇室であり、天皇陛下しか有り得ない。畏れながら陛下は我々庶人と違ひ「自由」や「平等」、「人權」といふ概念を超越したご存在である。只管國家國民の安寧を祈念されるお方である。利他主義を旨としてゐる軍人は、同じく究極の利他主義を體現されてゐる陛下といふご存在にしか忠誠を誓へない。憲法改正はなかなか進捗しないが、その本丸は勿論九條改正である。自衞隊の憲法への明記、さらには國軍として位置づけることは必須である、これは國家主權の確認でもある。そして、その國軍は國體と一體化すべく陛下による統帥といふことを明示して、はじめて九條改正は完結する。

かかる狀況で本書を上梓することが、些かでも國軍再建への議論に資することになるなら、それは望外の幸福である。今後も微力ながら、皇國の爲に赤誠を傾注する所存なので、引き續き同憂諸賢の叱咤激勵を賜れば、男子の本懷これに優るものなしである。なほ、執筆中に私も參加してゐる一般社團法人日本經綸機構代表理事森田忠明、同顧問で國體政治研究會代表幹事中村信一郎の両雅兄には變らぬご厚情と激勵を戴いた。

また前著に引き續きご尽力戴いた展転社相澤宏明會長、同荒岩宏奨社長、そして過分な「薦める詞」を賜つた東京大學名譽教授小堀桂一郎先生にも厚く御禮申し上げる次第である。本書の主意といふものは、ある意味すべて時流に迎合しない、また與しない「反時代」的なものであり、それ故營業的にはまたしても賣れない本とならう。こればかりは版元様に再びご迷惑をお掛けすることになつたことが唯一恨みである。

最後に本書に収録した論文は、『國の防人』(展転社)、『ゐしんぴあ』(玉鉾書院)、『新聞アイデンティティ』を初出としてゐるが、若干の加筆訂正を加へてゐる。また論文により正假名遣ひと現代假名遣ひが混在したこともご容赦戴きたい。

令和の御代最初の終戰記念日に　世田谷の陋屋にて

目次

装幀　クリエイティブ・コンセプト（江森恵子）

第一章　天皇自衛隊統帥論——「國體」と「國防」

（初出：『國の防人　第十一号』）

はじめに

令和の御代となり、新たな時代を寿ぐべく我々民草が、有志に呼びかけ御即位翌日の五月二日「御即位奉祝式典」並びに「奉祝行進」を挙行した。多くの方のご参加を得て、有志諸子には、ここに改めて御礼申し上げる。だが、この新たな時代を予感させる明るい気持ちとは裏腹に、安倍政権における内政、外交、軍事は問題山積であり、その要諦たる「憲法改正」ということになると、その前途は果てしなく厳しく、正直暗澹たる気持ちにならざるを得ない。

そうでなくても自民党の九条改正案が、公明党並みのレベルに甘んじており、しかもそれすら成就するかどうか危惧されるからだ。何とも云えない嫌な予感が疼いているのは、私だけであるまい。自衛隊が自衛隊のままであるなら、仮令憲法に明記されたとしても、建軍の精神とか理想というものとは無縁の存在であり続ける。勿論、それは軍隊ではなく、これまでと同様の一行政機関に過ぎないものでしかない。

今後もこのままで戦えということであるなら、自衛隊員にとってこれほど酷なことはない。軍人としての地位も名誉も与えられず、交戦規定（ROE）も不明瞭なまま政府の「行政命令」だけで死地に赴かねばならないからだ。周知のように、今の自衛隊員への命令（軍令）は行政の最高指揮官たる総理大臣及び防衛大臣から発せられる。一旦緩急ある時は國家國民のために、単なる「行政命令」に過ぎないもので自身の生命を擲たねばならないのだ。これは過去の総理大臣、例えば鳩山由紀夫、菅直人氏のような人物の命令にも従わねばならないということである。

福澤諭吉は『帝室論』においてこう述べている。「仮令ひその大臣が如何なる人物にても、其人物は國會より出たるものにして、國會は元と文を以て成るものなれば、名を重んずるの軍人にして之に心服せざるや明なり（中略）銘々の精神は恰も帝室の直轄にして、帝室の為に進退し、帝室の為に生死するものなりと覚悟を定めて、始めて戰陣に向て一命をも致す可きのみ」と。

明治の話ではない。今も軍人（自衛隊員）が唯一安心立命出來るのは、國體の最高権威から発せられるもの以外信じられるものはないのだ。國防という國家存亡を賭けた至高の任務が、単なる「行政命令」で済まされるわけがない。彼等が心安らかに任務に専心、さらには死地に赴くためにも、軍（自衛隊）が天皇陛下により統帥されていることの明確化は絶対に必要なのである。勿論、それは陛下が親裁されるのではなく、「文」の責任者（総理大臣）に指揮権を委嘱されるということである。今後憲法に「國軍」と規定しても、陛下の軍であることが明示されない限り、精神的支柱不在の組織であり、それはそのまま規範（moral）や士気（morale）の脆弱性を意味し、烏合の集団ともなりうる。剣に力を与えるのは、忠誠心しかない。

また政府は徴兵制について、それが「苦役」にあたるから実施しないという。同じ仕事をしながら志願なら「苦役」とならず、徴兵なら「苦役」という解釈なのである。当然ながら國家存続維持のために、最高に神聖にして不可欠たる國防任務を「苦役」などと云う國は他にはない。その任務を遂行するために、徴兵制にするか志願制にするかは國家の政策の問題である。本來國防は國民全体で担うことが大原則である、國民は応召だけでなく銃後においても寄与する義務を有する、その義務を「苦役」とすれば一國の國防は全う出來るはずがない。銃後の万全な備へ無くして、前線の任務は全う出來ない。

このような状況で憲法改正して自衛隊を「法的」に位置付けても、九条の一項・二項がそのままでは当然軍隊などというものではない。國軍の國軍たる〝建軍の本義とその精神〟というものがなければ、〝仏作って魂入れず〟である。〝建軍の本義とその精神〟とは國家の理想と軌を一にするものでなければならない。それは明治大帝が詠じられた「よもの海みなからからと思ふ」八紘為宇の理想であり、その精神を体現する陛下の股肱としての國軍なのである。

安倍政権が憲法改正の大眼目である九条改正に注力されていることには敬意を表するが、このままでは多くの禍根を残すと云わざるを得ない。安倍晋三首相の真意が那辺にあるか分からないが、我々と同じ着地点を見ていると信じたい。私が憂慮するのは、自衛隊が真の独立國家の國軍として再建されるために、政治として整備すべき多くの事項が慮外にされているからだ。そのなかでも〝建軍の本義とその精神〟、それを担保する天皇陛下による統帥規定の成文化は必須である。小論はそれらが何故必要なのか、帝國陸海軍との比較の中で諸外國の例も参考に論究するのが目的である。

一．軍事忌避のメンタリティ

前節で述べたように帝國陸海軍の〝建軍の本義とその精神〟とは、明治大帝が示された八紘為宇の精神であり、それを具現化する仁義の軍ということである。二千六百年の國體を護持するため、他に類例を見ない稀有な精神性と練度を有する軍隊でもあった。政治への不関与を担保するために「軍人勅諭」が示され、彼らには選挙権も与えられていなかった。「現行憲法」では國民は「主権者」らしいが、その権利たる國政参加という最重要なものも制限されていたのだ。

その代わり天皇陛下に忠節を盡すという義務（それはある意味権利とも云える）を、軍人としての名誉の源泉、かつ本分と理解していた。軍人の誇りは陛下により國軍が統帥され、その赤子（せきし）たることにあった。また高い練度と規律も、その高貴な精神性に担保されていたが、それは大元帥として陛下がおられることで不動であった。

今後も建軍の本義ということを明確にしないまま、ただ法制を整備しただけで「軍」と位置付けても、それだけでは真の國軍というものではない。その依って立つ精神が明確でなければ、規範（moral）や士気（morale）も高まることはない。繰り返すが、國軍の名誉と誇り、そしてプロフェッショナリズム（高度の専門性）を担保するはその精神と倫理性である。それを具現化する最上の形態が、國家元首による統帥の明示である。加えて、最高度の敬意を以て國軍を支える強固な國民の意思と、國民全てが一旦緩急あれば義勇公に奉じる精神が必須であることは云うまでもない。

帝國陸海軍は誇り高い組織であったが、その自己犠牲と利他主義は、軍人だけのものではなかった。官僚も同様である。「世界に類のないと云はれた清廉な下級官僚の綱紀の嚴肅さ（中略）それはわが軍隊の強剛と背腹一體」（保田與重郎）であった。そして、その根幹を支えたのも國民の道徳精神であり、具体的に云えば「教育勅語」の存在であった。

この精神的強靭さを一番恐れたのが、他ならぬ占領軍（ＧＨＱ）である。被占領國の悲哀はここで蝶々するまでもないが、陸海軍が解体され、警察予備隊が創設されるまで我が國は全く〝丸腰〟状態であった。その後も主権回復（昭和二十七年）までＷＧＩＰ等精神的武装解除政策が、我が國のメディアを通じて執拗に実行され、ついには非武装中立などという〝夢物語〟が現実的政策として議論されるほどになっていた。

その中で暴力革命も厭わないマルクス主義の猛毒は、あらゆる地域、組織、そして世代に蔓延していた。メディアは「60年安保」を「革命前夜」のように扇動するだけ扇動したが、それが余りに暴力的に行われていることに彼ら自身が慄き、新聞七社共同で声明を出し〝寸止め〃する始末であった。熱狂のあとは、虚脱感だけである。それを冷ややかに見ていたのは、サイレント・マジョリティたる保守層であり、果たして選挙をすれば自民党は負けることはなかった。

問題はその自民党のなかで、本気で自衛隊の國軍化や憲法改正をしようという政治家がいなかったことだ。岸信介首相（当時）は憲法改正を政治日程に挙げようと注力していたが、安保改定と引き換えに退陣の已む無きとなった、その後池田内閣で防衛庁の省昇格が閣議決定されたが、それが実現するのは何と四十四年後の安倍内閣であった。自衛隊はその間〃日陰の存在〃であり続け、「国際協力」とか「国際貢献」などと勿体ぶった云い方で何かせねばならなくても、自縄自縛の「軍隊」しかない國家が國際政治の中心にいることなど出來るはずがなかった。

ＧＮＰ世界二位（当時）の経済大國と誇っていても、「町人国家」とか「ハンディキャップ国家」などと自嘲とも諦めともつかない呼称をする官僚もいた。それは「先の大戦の反省」とやらで、日本は二度と軍事的野心を持つことはないという〃証文〃代わりに自身の「特殊性」や「平和憲法」を強調したかったのであろう。だが、自國を自ら〃障碍者〃扱いする自虐性は奇異としか云いようがない、体のいい主権放棄ではないのか。國際社会からみれば、それは決して良心の発露などではなく、國際政治の現実から逃避する醜悪で利己的な方便であり、怯懦としか映らなかったであろう。それは、湾岸戦争の時に証明された。

未だに自衛隊すら認めたくない、九条改正にも反対という世論は強い。現実的には、自衛隊は少しづつではあるが、全うな「軍」に近づいてはいる。それでも法制や装備が改善される度に、「戦争ができる国にするな」と叫ぶ声が高まる。國防環境が戦後最悪と云われる程悪化しているのに、自衛隊がこのままでいいと云うなら、「国際貢献」も「国際協力」もあったものではない。勿論、他國の蹂躙にも忍従するしかない。

何より、軍事問題を忌避しても國際社会から認められるなどと本気で思っているなら、とんでもない間違いである。國際秩序維持の為に一番困難な軍事的貢献なくして、大國の資格はない。政府宿願の國連安保理常任理事國になるなど夢のまた夢である。かつて稀有の精神性と練度を誇る國軍を有した我が國が、ここまで軍事忌避となるのは精神的退嬰という以上にGHQの「日本精神解体」という占領政策の〝賜物〟であろう。

二．軍は「政治的思惟」を有する
――「統帥権」と「文民統制」――

独裁國家では政治が軍を如何に掌握しているかが死活的に重要であるのは云うまでもない、場合によっては軍自身が行政機構をほぼ掌握し一体化している國もある。そもそも軍隊という組織そのものが「國家」であり、財政的基盤も含めてその骨格を成しているからだ。

かつて蒋介石の國民党軍が浙江財閥と不可分だったように、現在人民解放軍も巨大営利企業グループ（二万社に及ぶと云はれている）を有し、カジノまで経営しているという。パキスタン國軍も「ミルバス」と呼ばれる軍産複合体による、國家とは別個の一個の独立した経済単位を成している。またエジプトのように、國軍がホテルやスーパー等経営しながら主要な國家行政を担っている國もある。

このように軍は政府と「協業」しながらも不可避的に「競合」する本質を有し、強力な政治勢力の一つとなっている。勿論、それで直ちに政治への関与、もしくは圧力を意味するものではない。我が國において政治参画することは、誰もが「現行憲法」において「権利」として保障されている。だが軍人が一般國民同様選挙権を有し、自らの政治的意思を直接反映させることは、政治への容喙には繋がらないということはない。軍人の選挙権行使を当然と考えてはいけない。軍人の選挙権行使という「政治参画」は、それが多数となれば「文民統制」の弱体化に繋がる蓋然性は排除できないのである。

「文民統制」は民主主義國家でしか達成出來ないが、「文民優位」という制度だけでは不十分である。それを本当に徹底させようというなら、軍人の「政治参画」は制限すべきだろう。政治が、軍（自衛隊）は政治的に無色もしくは中立であると考えているとすれば、それは謬見である。軍は必ず特定の「政治的思惟」を有するし、又そうあらねばならない。次元が違う事柄であるが、結果的に軍人には用兵作戦の裁量権を付与する〝代償〟として選挙権等國民の権利を制限したほうが、「文民統制」は機能する。

我が國において「文民統制」とは、制服組の発言を一切封じ、政治の恣意で制服組の人事異動や将官を馘首することと考えているらしいが、全くの見当違いである。本來の「文民統制」とは、政治が外交や戦略目標を軍と議論・共有しながら、そのために軍のなすべき役割とその限界を共通認識とすることである。それを達成するための用兵作戦は軍の専管事項であり、政治の容喙するところではない。但し和戦の決定や外交交渉は政治主導かつ優先されるということである。

そもそも何故「文民優位」もしくは「文民統制」が必要なのかと云えば、既述したように軍というものの本質から由來している。軍は完全に自己完結型の組織であり、「國家内國家」といわれるほどの自立性と自律性を有する存在である。この自立性と自律性故に、場合によっては腐敗した文民政治に対して、「國家」として自浄能力を発揮することがある。勿論通常は、選挙で選ばれた文民の指導者が最高意思決定者であり、軍人は助言者に過ぎない。政治に従う義務がある。

だが、〝最高意思決定者〟の所為で國家が危殆に陥っている場合、軍は主体的に行動する。かかる意味で、軍は政府と「対等」に近い。それに比して警察は完全に行政機構に「従属」しているのでの政府の意思通りしか動けないし動かない。厳密に云えば軍は政府に「従属」しているのではない、自立性と自律性を有したまま文民の「統制」を受ける存在である。本來的な意味での「文民統制」とは、議会が國權の最高機關として出師、予算等重要な意思決定を行い軍を抑止し、同時に政府の軍への「過剰統制」もチェックするという意であり、その主体は政府より議会である。

自衛隊は創設以來、政治的発言は云うまでもなく、軍事的合理性に関することですら問題視され「文民統制」の名のもとに歴代統幕議長、幕僚長の多くが馘首されてきた。要は、自衛官は何も発言するな、何も考えるなと云うに等しい。自衛隊員に「不満」や「鬱積」があるのは当然で、政治への強い反発が底流にある。政治が軍（自衛隊）を政治志向ではなく、プロフェッショナリズム（軍事的専門性）の向上に専心させることは義務であるが、そのためにも彼らの用兵作戦に関する裁量権と軍事的合理性に基づいた発言を封じてはいけない。

近年、自衛隊幹部の〝積極的発言〟が少ないのは、彼らの官僚化もあるが、長年に亘る政治家の軍事に関する度を超えた無知、無理解に対する「侮蔑」と「諦観」故であろう。選挙権もなかつた帝國陸海軍に比べ、彼らは「政治参画」が許容されているので、その「不満」と「鬱積」も〝許容量〟を超えれば、さらなる積極的な政治行動へ発展する蓋然性も排除できない。逆説的だが、かかる蓋然性が微塵もないと断言するなら、自衛隊の「自立性」と「自律性」は脆弱極まりなく、政治の「私兵化」が進んでいるという証左である。

三．日本的政軍関係

近代國家の軍事組織というのは、通常國防省や陸軍省、海軍省等他官庁同様の行政組織があって、その他に実働部隊が存在する。部隊を指揮する参謀組織が同一行政組織内に存在すれば、軍政（軍事行政）と軍令（作戦命令）は一元化するが、帝國陸海軍のように参謀本部と軍令部が行政組織から独立していれば別系統となるが、まったく政府の統制を受けないというわけではない。軍政事項と軍令事項を明確に分離することは困難である。このため立場により恣意的な解釈を与える余地を残したことが、混乱の原因の一つであった。

我が國で「統帥権」の独立、つまりは参謀本部が行政組織とは別組織として政治の掣肘を受けないようになったのは憲法制定前、自由民権運動の高揚していた時期である。この意図は、当時の脆弱な軍隊組織の防衛が主眼で、その強化を図るとともに太政官（政府）も強化していくということであった。勿論西南戦争の影響もある、西郷隆盛は下野したにも拘わらず、軍への絶大な影響力を保持したまま挙兵が実行されたからだ。この反省もあり伊藤博文は山縣有朋を参議に入れることで、政軍の調整を図り、一体化を図っていた。

西郷は挙兵前「（自分は）陛下より軍隊を統率する御沙汰を蒙って居る、故に何時にても軍隊を指揮することが出来る」と云ったといわれている、これを以て西郷に「統帥権」と指揮権の混同があったという解釈がある。西郷からすれば維新の軍事作戦は全て自分が指揮、その根幹たる軍隊は、自分が掌握していた薩軍である。その薩軍も藩父島津久光に「統帥権」があったが、西郷は久光の意向を全く無視、独断で薩軍を官軍に仕立て維新を断行した。西郷は「統帥権」という概念すら自覚していなかったのかもしれない。

そもそも明治維新は、約六百七十年振りに宮中勢力を政治と軍事に復帰させる西郷らのクー・デタで成立させた「王政復古」政権であるが、「絶対君治の根底を断絶」が本來の目的で「君民同治の立憲政体」（福澤諭吉）を目指していた。だが、西郷にとつて皇室であっても島津家であっても、君臣の関係に変わりはない、ただ近代日本に大名は不要のものであったというだけだ。西郷の関心は法理ではない、水魚の交わりを理想とする君臣関係である。つまり、明治大帝から御信任を得ているかどうかということである。それは「御沙汰」ある限り軍は自身の掌中にあり、國政、特に軍に関する自分の言動は必ず理解して貰へるだろうという一種の「甘え」でもあった。結果的に、この感覚が西郷の挙兵に繋がつたのではないだろうか。

このように西郷の挙兵と自由民権運動は期せずして、軍人の政治への関与とは真逆の、特定の政治的意思もしくは政治運動の軍人への影響力排除という〝予防的措置〟として、「統帥権」の独立を早めさせた。つまり立憲体制というものが近い将來実現すれば、いずれ政府が議会との対立等で不安定や弱体化が予想されるので、その際に軍というものを政治の影響から外におくことが是非必要であったわけだ。天皇陛下統帥による絶対服従の軍隊の存在は、政治と隔離させることによって政治的影響力から排除すると同時に、それにより政府の権力基盤強化というのが山縣有朋の意図であった。

果たして明治十八年に太政官は廃止、内閣制度が整備され、明治二十二年には大日本帝國憲法が公布された。その後勅令により軍部大臣は現役の中、大将に限るとされたが、軍人の特権たる帷幄上奏権により直接、軍政事項に止まらず軍令事項も陛下に上奏出來ることになっていた。逆に参謀総長や軍令部長は専管事項たる軍令に関することだけなのだが、陸海軍大臣は軍人でありながら文官でもあるという二重性を帯びていたからだ。これは総理大臣にもない特権であった。だが念のため云えば、帷幄上奏権があるからといって何事に関しても、また何時でも上奏出來るというわけではなく、侍従長、侍従武官長、内大臣等による許可がなければそれは出來なかった。

本來軍政と軍令は別の概念ではなく、軍政も軍令に包含される概念の一要素である、かかる意味では参謀総長や軍令部長の軍政事項奏上も必ずしも違法ではない（例えばロンドン海軍軍縮会議における加藤寛治軍令部長）。先述したように軍部大臣は行政機構の中では軍人でありながら官制的には文官に位置にいるという特殊性があったのだが、これは意識の問題である。閣僚の一員ではあっても政党の領袖が首班の内閣で、彼らに文官という意識はほとんどなかったであろう。

後年この〝意識〟は顕著になり、陸軍の都合で大臣を内閣に推薦しないという手段で、組閣のキャスティングボートを握ることになる。当時陸軍大臣は、大臣、参謀総長、教育総監という三長官により候補者が選定され、内閣に推薦されていた。つまり、誰も推薦されねば、組閣は不能となるわけだ。また組閣後であっても、陸軍の意向に沿わない閣議決定に対しては大臣に辞表提出させ、その後継大臣候補を推薦しないという倒閣方法も可能であった。因みにこれは、「統帥権」の問題とは関係ない。

結果的に、「帝國憲法」体制下の政軍関係において、法理のみで云えば政治と軍事の問題を調整出來たのは、國家元首にして大元帥である天皇陛下のみそれが可能であった。だが、維新後大正半ばまでは、薩長土肥の「下級武士」という同根の元勲が政治分野、軍事分野に散在していたので、両者間の調整は属人的な関係によって可能であった。

政軍の対立は、帝國大学や陸軍士官学校、海軍兵学校等将校養成の学校が設立され出自として官僚と軍人が明確に分化、さらに出身地、出身官庁や年次等の違いで諸グループが形成されたことで複雑化した。また同じ軍人であっても陸、海は同一の学校ではなかったので必然的に敵対することも多かった。また陸軍と海軍だけでなく、陸軍だけでも陸軍大臣と参謀総長が併存し、それぞれ軍政と軍令を管轄するので、互いの意見が一致することはすくなかった。勿論、常に対立していたわけではないが、「統帥権」が独立していたなかでは軍政と軍令の立場は必然的に対峙する性質を持っていたと云える。

帝國陸海軍の「統帥権」独立が担保されていたのは、政治へのアクセスたる選挙権が制限されていた代わりではないが、彼らにも当然ながら「政治的思惟」があった。だが、それで司馬遼太郎氏が強調したように「統帥権」の独立を「魔法の杖」の如く扱い、それを盾に政治権力掌握に注力し、亡國に導いたというのは極論である。実態は軍だけでなく、政治やマスコミまた國民一般も含め恣意的に濫用していたのである。「帝國憲法」で規定されていた國務と統帥という國家の二元性が問題の根本にあるのは事実だが、この二つを調整出來る制度や組織はなかったのである。

所謂「軍の暴走」も、「統帥権」の独立という制度的問題だけに起因するものではない。例えば支那事変において参謀本部では早期撤兵論が主流であったが、外務省と陸軍省は積極介入であり、云わば政府のほうが「暴走」気味であった。また官僚的セクショナリズムの例で云えば、当時参謀本部にいた稲田正純（二十一期、陸軍中将）は撤兵論者であったが陸軍省へ異動すると省の方針とおり積極派に変わっている。戦後の「常識」で軍が須らく「暴走」するなどというような単純なことではない。

政治との関連で、官僚特有の官庁間やセクションの利害が複雑に絡み、それに加え年次や出身地等多様なグループが錯雑しながら政策が決定されていた。また他の官庁同様、省部の文書は起案者から課長、局長（部長）、次官、大臣、もしくは総長まで全員の判が必要である。その押す順番を間違えたり（既に課長が先に判を押した書類は、その下の課員の判が貰えなくなるのだが、敢えてそうすることもある)、途中誰かが判を押さなければ決済されない、これで重要政策が遅延もしくは未決のままということも多かった。

元來「統帥権」の独立は、政治の軍事(用兵作戦)容喙を阻止するためであったが、大正期に入ると寧ろその〝殻〟に閉じ籠ったままでいる軍の硬直性、閉鎖性を軍人自身が憂慮していた。永田鐵山はじめとする陸士十六期前後の幕僚は、「統帥権」独立は弊害のほうが多いと否定的に捉えていた。彼らの危機感は第一次世界大戦以後「総力戦体制」構築、「國防の國民化」が喫緊の課題であるのに軍が「統帥権」の〝殻〟に閉じ籠ったままでいることで、日本が直面している課題に何ら寄与していないということであった。統帥権に固執するのではなく、寧ろその〝殻〟を破ることが重要との認識である。〝殻〟を破るというのは、結果的に政治への関与を加速させたが、それは「軍部独裁」という意ではなく、政治家、官僚らとの近接を深めることで「総力戦体制構築」への「協業」のあり方を模索していたのである。

四．國家元首統帥の正統性

「帝國憲法」下において天皇陛下は大元帥として國軍統帥の大権を保持されたが、陛下の存立基盤は実力組織たる軍隊の存在ということではない。元來陛下は武力を背景に権力を保持されていたわけではなく、神武天皇以來二千六百年を超え、常に國権の最高権威として超然と存在せられていた。この点「統帥権」が独立していたプロイセン・ドイツや議会と常に対立していた英國等西欧諸國との違いで、彼らの権力の源泉は教会と軍隊組織がその基盤であった。

明治維新とは、天皇陛下が鎌倉幕府以降征夷大将軍という〝軍最高司令官〟の任命権者から、再びご自身がそれを担うという軍への回帰でもあった。だが、統帥はされても指揮命令を陛下ご自身が行使されるのではなく、全て委任されていたわけだ。それに比して「現行憲法」は懼れながら天皇陛下を軍事は勿論、政治からも隔離し、國家元首でも大元帥でもない「象徴」という抽象的な枠組みに押し込めてしまった。

現在でも英國女王は三軍を統帥、勿論指揮することはないが、法理的には軍の兵力数に関して解隊する権利も有している。男子王族は何れも軍務について、國民の先頭に立ちノーブレス・オブリージを実践している。英國は政治的には〝君臨すれど統治せず〟、軍事的には今でも〝統帥すれど親裁せず〟である。

そういう英國でも歴史的には王室、議会そして國民との対立という様々な経緯があった。十八世紀半には常に王室とその常備軍が國民の代表たる議会と対立して、議会は國民の自由を守るために民兵を組織せざるを得なかった。ここで云う民兵とは市民ではなく、貴族である。彼らは國王ではなく議会側につき、國王の統制を受けずに存在していた。彼らの忠誠も國王というより、國家そのものの護持であった、だがやがてこの民兵も國王への忠誠を誓い、國軍として一元化されていった。その際國王は親裁せず、我が國同様陸軍大臣の輔弼により職業軍人に行使させ、自らは大元帥として軍を統帥する立場となったのである。

他方プロイセン・ドイツのような絶対制の下では、皇帝は統帥だけでなく指揮権も行使し、将校団は貴族から選抜され兵卒は市民階級から徴兵された。市民は将校になれないので必然的に彼らは融合することなく、同一組織内で対立を先鋭化させていた。また当時軍の三分の一は外國人（傭兵）で構成されており、これも國民軍としての一体化を困難にした。一八一四年の兵役法で、男子國民への「祖国防護の義務」（徴兵制）が定め、ようやく傭兵を排除することが出來たのである。

やがて鉄血宰相と云われたビスマルクが第二帝國軍隊のために軍制の細目を制定したが、憲法には従属せず、また議会にも圧倒的に優越的な地位は保持したままであった。だが第一次世界大戦敗戦後、ヴェルサイユ条約の下で徴兵制も実施できず、志願制にせざるを得なかった。國軍はその制限の中で、ゼークト将軍が十万人という枠内で再建を図ったが、帝政崩壊により君主という高い正統性を有したものが存在しなくなり、軍統帥の正統性も怪しくなった。

そういうなか登場したのがヒトラーであった。彼はワイマール体制という民主体制が生んだ〝鬼子〟であり、民主主義そのものの欠陥の具現でもあった。皇帝が存在しなくなり、國家の正統性というものが稀薄になったドイツは、共和制とは言い条、敗戦國の〝屈辱のエネルギー〟だけが充満していた。キッシンジャーが云うように「外交も〝正統性〟にもとづいた国際秩序においてのみ可能」であるなら、軍の忠誠対象も同様である。忠誠対象に〝正統性〟がなければ、軍も独裁者の私兵と化する。かかる意味で、この退役伍長（ヒトラー）は〝正統性〟不在の國で、巧妙な宣伝技術を以て國民を扇動し、この〝屈辱のエネルギー〟を〝自國至上主義〟に変え「合法的」に政権を獲得、國務と統帥の一元把握、さらには「白紙委任状(carte blanche)」を得たのである。

ドイツ軍は必ずしもヒトラーの私兵ではなかったが、英仏の宥和政策もありヒトラーの積極外交が成功すると次第に従順となっていった。だが、やがて用兵作戦にまで「親裁」しなおかつ自身の失敗は認めず、戦局が悪化しても独断専行を止めないヒトラーに、軍は数度に亘りクー・デタを計画、対抗した。これらは何れも未遂に終わったのだが、本來的に軍は政治の私兵とならないよう、政治の「暴走」を制御する役割を担うことを求められるのである。

おわりに
―― 天皇陛下統帥の軍 ――

民主主義國家で「文民優位」の原則として、政治が國防政策を主導するのは当然である。

だが、我が國においては政治が軍（自衛隊）の用兵作戦に関する裁量権やその発言までも封殺している現状がある。我が國の政軍関係で一番の問題は自衛隊を軍として、また隊員をプロの軍人として遇していないことである。國内法的には、軍人でなく「行政官」で警察官同様と云われればそれまでだが、用兵作戦に関する彼らの発言やその自由も封印しているということは、彼らの「不満」や「鬱積」をさらに増幅させ、逆に政治志向を高めることになるだろう。

今後も「行政命令」で死地へ行かねばならず、軍人としての地位も名誉もないとすれば、彼らの献身は余りにも報われない。かかる意味でも、天皇陛下統帥は、名誉と誇りを旨とする軍人（自衛隊員）にとって、これ以上の忠誠を誓える対象のない唯一無二のものとなる。國體の名誉と権威の源泉たる陛下の股肱として、政治という〝俗界〟を超越し、國體と一体化した組織の一員となるわけだ。それだけではない、陛下統帥は軍（自衛隊）の政治志向や関与を緩和するという効力も齎し、結果的に「文民統制」を強化することにもなろう。

軍の役割はあくまで敵兵力の殲滅である、不断の抑止力強化や政治的妥協による利害得失を計算のうえ、如何に國益を確保するかではない。それは政治の責務である。軍は一旦下された政治的戦略目標達成のために、軍事的合理性を追求して敵を駆逐する。そのための用兵作戦は軍人の専管事項であり、政治の容喙する処ではない。だが、軍も政治の示した戦略目標を理解することなしに、それらは達成出來ないだろう。軍人も「政治的思惟」を持ち、政治を学び政治の意図を理解せねばならないのである。

我が國では政治の役割として、如何に軍（自衛隊）を「統制」し政治関与を排除することが語られることが多いが、逆もあることを忘れてはならない。「文民統制」の議論では、軍は制御しないと必ず「暴走」するというのが所与の認識になりがちだが、歴史的には政治の「暴走」の方が多いかもしれない。政治による軍への恣意的統制が強化され、用兵作戦領域まで容喙する場合である。

先述したナチスドイツのヒトラーの例が分かりやすいだろう。政治が「暴走」した際には、軍は直接行動を取らざるを得ない。逆に云えば、軍しか収拾出來ないのである。現代でもタイのように、軍が腐敗した文民政権を打倒している。軍の恣意ではなく、國王の意思により「統帥権」が発動され、國軍が軍政を布いたということである。トルコ軍も未遂だがエルドアン大統領打倒を目指し、クー・デタを起こしている。このように軍は、その本質（自立性と自律性）から、場合によっては政治の「暴走」を抑止、制御するための行動も厭わない、つまりクー・デタを起こす能力を内在する組織である。その意思も能力もない組織は軍とは呼ばない。

本質的に軍という存在は、「民主的」な組織とは真逆なのだ。個人の意思や考えというものが捨象される世界であり、目的達成のために個人の犠牲を厭わない組織である。指揮官の命令一下、命を的に戦わねばならない、我々が日常口にする「自由」や「平等」「人権」という概念とは隔絶している世界である。極論で云えば軍の本質は、「主」のために死ぬ組織なのである。

今は、自由と民主主義が「普遍的価値」であることを誰も疑わない時代である。だとすれば「武士道」とか「臣下の道」というものは、「封建時代」の全く顧みる必要のない無価値なものとなるのだろうか。武士は主君のために生き、そして死ぬ。理非曲直を糺すためには諫死も厭わない、全くの無私である。究極の利他主義といっていい。

武人は何時の時代も死処を求めるという、だがそれは衷心忠誠を誓える対象あってのことである。武人が命を賭すのは「主」の為であるが、今その忠誠を誓うべきものとは何であろうか。國家國民、勿論そういう表現も可能であろう。だが、かかる抽象ではなく、我が國においては二千六百年を超える連綿たる皇統を維持した國體、即ちその象徴的具現たる天皇陛下以外有り得ない。懼れながら陛下は我々庶人と違い「自由」や「平等」、「人権」という概念を超越したご存在で、只管國家國民の安寧を祈念されるお方である。利他主義を旨としている武人は、同じく究極の利他主義を体現されている陛下というご存在にしか忠誠を誓えないのである。

民主主義とは言い条、現代のように能力主義と成果主義、それを支える拝金主義が跋扈する利己主義の権化のような弱肉強食の世界で、軍隊だけはそれらと隔絶したものでなければ、國防は全うできない。我が國において、國軍とは天皇陛下統帥の稀有な精神性と高い練度を有する、國體と一體化した存在でなければならないのである。

第二章　天皇陛下と自衛隊 ―― 國體と今日的問題としての「統帥權」

（初出：『昭和初期政治史の諸相』）

はじめに

近現代史における「常識」としては、満洲事變、支那事變、そして大東亞戰爭に至るまで、軍の「政治關與」及び「統帥權」亂用による「暴走」が我が國を崩壞させたといふ解釋が一般的であらう。特に　天皇陛下の大權であつた「統帥權」は、政府や議會も掣肘出來ないサンクチュアリであり、その野放圖な擴大解釋こそ、「軍部暴走」の元凶だつたといふわけだ。[1]勿論、陛下ご自身が擴大解釋されてゐたわけではなく、この「特別の權力、特別の法的支配」（中野登美雄『統帥權の独立』）たる陛下の「統帥權」を輔翼すべき「幕僚」[2]たちの問題であり、彼等が適切かつ抑制的に運用し、冷靜な判斷力があつたなら、これら事變、戰爭もなかつたかもしれないといふことだ。

「帝國憲法」下の「統帥權」については、本來　天皇陛下だけが行使出來給ふものであり、陛下を輔翼すべき「幕僚」が主體となることは出來ない。だが、「幕僚」たちがそれを　陛下のご意志として恣意的に忖度し行動した結果「軍部暴走」は加速し、そして未曾有の敗戰となつたといふ理解である。だが、後述するやうに「統帥權」の實體はそんな單純なものではなく、陸軍部内の複雜な利害關係が絡んだ權力鬪爭が本質で、軍と常に對峙してゐた政治との葛藤でもあつた。結果的には懼れ多いことだが「統帥權」行使の主體である　陛下のご意志とは、眞逆の道を辿ることになつてしまつた。

逆に戰後は「現行憲法」下、天皇陛下は政治や軍事からは全く切り離されたご存在になられた。要は元首でも大元帥でもない、米國が思ひついた單なる「象徴」といふ抽象的な位置づけを強要されたのである。國内法的には我が國に軍隊は存在しないので、陛下と自衛隊との關係など考へる必要もないものとなつてしまつた。今も自衛隊は、法的には警察と變はらない行政の一機關に過ぎないのである。

平成二十四年四月に發表された自民黨の憲法改正草案においても、天皇陛下と自衛隊との關係については全く言及されてゐないし、それにもまして「國軍」が創設されるといふより、自衛隊を「國軍」と位置付けるだけで濟むといふ感覺である。殘念乍らどの政黨、マスコミにおいても　陛下と自衛隊とのあるべき關係について論ずるものはないし、「國軍」などすぐ出來ると思つてゐるやうだ。かかる「國體」の本義にかかはる重要事項が全く蚊帳の外におかれてゐる狀況のなかで、本來、國家と不可分の一部である軍がそんなに簡單に出來るわけがない。「國軍」と「國體」の象徴的具現たる　陛下とは一體でなくてはならず、それ故上御一人のみ統率出來給ふものである。これは何れの立憲君主國においても同樣なのだが、かかる發想を持つ者も皆無である。現在も英國においては、エリザベス女王の統帥權により三軍は統率され、女王が最高指揮官である。同樣に他の立憲君主國でも「統帥權」は君主固有の權利となつてゐる。

しかるに今日我が國で「統帥權」などと云ひ出しただけで〝氣違ひ〟扱ひであり、精々「帝國」日本の〝過去の遺物〟とか〝負の遺産〟といふ認識だらう。だが、「統帥權」は決してさういふものではなく、現在においても眞劍に考慮されるべきものなのである。むしろ君主と國家そして軍との關係に於ける本質論からしても、絶對必要である。逆に云ふと、自衞隊が憲法改正を經て「國軍」と規定さへすれば、直ぐにでも〝本物〟の軍人・軍隊になれるといふわけではないのである。自衞隊が本當にフル規格の軍隊となるためには何か非常に重要なものが、現在の議論においても缺落してゐるやうな氣がしてならない。その重要な一つが「統帥權」の明確化ではないかといふことである。

かかる認識のなかで小論は「帝國憲法」下の帝國陸軍と、「現行憲法」下の自衞隊との對比のなかで、「統帥權」といふものを軸に軍と政治との關係（「政軍關係」）、そして「國體」論から歸納される　天皇陛下と自衞隊（軍）との關係について考察したいと思ふ。

一　軍の本質と「統帥權」

――絶對的なものではなかつた「統帥權」――

戰後我が國では軍（特に陸軍）イコール「惡」といふのが枉げやうもない所與の認識であり、軍や戰爭を思考すること自體が忌避されてきた。「現行憲法」でも軍の保持が禁じられてゐるので、我が自衞隊は實力組織ではあるが、國内法的には軍隊ではない。だが國際法的には軍隊とみなされる、もしくはさう見て貰へるであらうといふ、世界でも稀有な「軍隊」である。凡そ近代國家で軍隊のない國は特殊な例を除いてない、國家にとつて軍事と外交は存立の爲の兩輪である。特に軍は内外の危機に對處できる唯一の自己完結する實力組織であるが、それ故國家にとつて軍は〝兩刃の劍〟であり、場合によつては厄介な存在とも成り得る。よつて政治權力といふものが必ず腐敗する宿命にあるとすれば、それに伴ふ軍とは如何なる立場となるのか。假令民主的に選ばれた政府であつても、國民を彈壓（軍を恣意的統制）するやうになれば、「軍は國家」（ゼークト『一軍人の思想』）として政治的に機能せねばならないこともあるのだ。元來、軍が政治的に中立といふことはありえず、[3]場合によつては自らの力で權力奪取（クーデタ等）する能力を内在させてゐる組織でもある、かかる「政治的思惟」の發露も軍の本質たる自立性と自律性故である。それが軍隊なのである。周知のやうにタイのやうな立憲君主國でも、これまで數多くのクーデタを發生させ、軍の「政治關與」が問題となつてゐる。これも軍の自立性と自律性の發露であつたといふほかない。少なくともタイ軍によつて王制轉覆などは企圖されず、常に忠誠を誓つてゐることで、國内の安定は維持されてゐる。

誤解のないやうに附言すれば、かかる能力を内在させてゐるからといつて、先進民主主義國の軍がクーデタを起こす可能性は限りなくゼロに近い。軍への政治統制が十分で、軍もそれを理解し、かつ民度も高いからだ。だが、如何に民主的な政體の軍であつても、不可避的に政治との關係においては微妙な距離（ニュアンス）と緊張感が存在してゐる。逆に云へばかかる能力（勿論、潜在的にだが）もない實力組織では警察同様、行政の一機關に過ぎない存在となる。我が自衛隊を見ると、人的には「自衛官」といふ「行政官」で構成されてをり、嚴密には軍人ではない。組織的にも防衛省の下部組織として陸海空三自衛隊が存在する位置づけであり、軍本來のレーゾン・デートルたる獨立した軍令機關（參謀本部等）もない。

これに比して、帝國陸海軍は正眞正銘の軍隊であつた。だが「帝國憲法」の規定は「天皇ハ陸海軍ヲ統帥ス」（十一條）、「天皇ハ陸海軍ノ編成及常備兵額ヲ定ム」（十二條）とだけあり、結果的に「統帥權」に關する解釋も議論の餘地を殘してしまつた。これが後に樣々な問題を生起させる一因となつたやうだ。この二條は何れも五十五條で規定されてゐた　天皇陛下の大權であり、本來的には政治（國務大臣）の輔弼が必要であるが、十一條のみ所謂「帷幄の大令」（伊藤博文『憲法義解』）として五十五條の適用外との解釋が一般的になつてゐた。[4]

そもそも「統帥權」が意味するところは、單に軍隊を統率する權利、指揮命令權以上に、君主（國家元首）が担ふべしといふ含意があらう。我が國においてもプロシアの影響下、天皇陛下が大元帥として統率すべしとした。なほ「統帥權」を政治と隔離したのも「帝國憲法」制定時未だ政黨政治が成熟してをらず、軍が政治レベルで恣意的に運用されるリスクの方が高かつたからである。だが、その後　陛下の大權にも拘はらず軍事を政治に關與させない常套手段として軍が常用し、さらには軍人ではない全くの部外者が「統帥權」の範疇外のことまでも、それとして扱ひ不要な問題を生起させるやうになつていつた。

このやうな「統帥權」解釋の擴散は「政軍關係」からすれば政治が統制すべきものだつたが、それが出來なかつたのは軍だけでなく政治自身も〝恣意的〟であつたからだ。歴史的にみれば政治が主體となり「統帥權」を逆手に「暴走」した事例も多かつた。例へば第一次大戰中、大隈重信首相は欧州の戰爭への不介入を宣言してゐたが、その三日後に統帥部と熟議もせずに對獨開戰を決定した。しかもその作戰は大隈のイニシャティヴで同盟國英國の要求であつた大西洋上のドイツ武装商船攻撃でなく、青島攻撃や西太平洋ドイツ領の攻略となつてしまつた。シベリア撤兵に際しても、原敬首相が陸相の田中義一を介して「外交調査会の存在を巧みに利用し」（戸部良一『逆説の軍隊』）戰爭ではないといふことで政府主導の計劃を實行、またロンドン海軍軍縮會議では、その締結内容に不滿な軍令部、それを支持する野黨（政友會）、右翼、マスコミが結託し、「統帥權の干犯」として政府（民政黨）を糾彈してゐた。これらは、政治による巧妙な「統帥權」無視もしくは亂用であり、文民の「暴走」と云へるだらう。

逆に支那事變のやうに參謀本部首脳、幹部が戰線の〝不擴大〟に腐心しても、現地軍や陸軍省、外務省等の壓力により擴大を強ひられた事實（今井武夫『支那事變の回想』）は、「統帥權」が絶對的なものではなかつた一つの証左である。本來的には天皇陛下だけが大元帥として「統帥權」を行使し、その範疇や正否も判斷出來得る。だが、昭和天皇のやうに立憲君主としては極めて抑制的な言動に終始されてゐたことが、軍だけでなく政治においても「統帥權」

の恣意的な解釋を助長し、結果的に「暴走」させてゐたとするなら皮肉なパラドックスである。

二　官僚組織としての帝國陸軍
――上司と下僚の〝甘えの構造〟――

帝國陸軍も官僚組織である以上、他官廳同様省部（陸軍省、參謀本部）での事務は膨大かつ煩雜であつた。政策起案も利害が複雜に錯綜してゐるので、他セクションのキーパーソン（大尉から中佐クラス）への周到な根回しがなければ、書類は滯留して決裁されず政策にならない。上位者（大佐から將官クラス）はこれらを總て起案する佐官クラスに任せ、自らは判を押すだけで、閣議や議會等での對應がある場合も、彼等に代行させることが多かつた。典型的なリーダーシップの放棄もしくは權限の〝丸投げ〟である。かうなると必然的に佐官クラス獨自の人脈が構築され、やがて彼等が陸軍における實質的權限者と見做されるやうになつていつた。かかる狀況は是正されることなく、上位者の下僚への依存は益々深まり「ロボット」化、つまりは下僚による下剋上的「統制」は強化され、さらには常態化していつた。

彼等の行動の源泉は、文官官僚同様〝テクノクラート〟としての「組織の論理」である。例へば稲田正純が回想してゐるやうに、參謀本部にゐる間は撤兵論者（支那事變時）であるが、陸軍省に異動すれば實行論者になるといふ具合である。[5] 國益より省益、省益より自身の所屬してゐる部課の立場と自身の利益擁護なのだ。だが、それ以上に「軍の威信」と「精神主義」を重視する陸軍上層部の信賞必罰の缺如のなか、「幕僚」自身が「無答責」と認識してゐたことであらう。上位者もそれを黙認し、權限を〝丸投げ〟する代償として、「幕僚」が自身を「神輿」として担ぐのを許容してゐたのである。アンビヴァレントな相互依存といつていい。

このやうな〝甘えの構造〟を可能とする組織的制度的背景の問題は、第一に人事である。戰前においては、行政の長たる總理大臣が軍の人事權を掌握してをらず、陸軍大臣は三長官（陸軍大臣、參謀總長、教育總監）の推薦で決定されるといふ〝慣習〟であつた。政治が關與出來ないので、組閣過程で三長官から誰も推薦されなければ、その内閣は成立しない。また組閣後でも陸軍大臣がある閣議決定に不滿で辭表を單獨提出し、後任が推薦されなければその内閣は崩壞する。つまり身内から都合のいい人選が可能で、かつ氣に入らない内閣なら幾らでも潰すことが出來たのである。實質的に軍が内閣の生殺與奪權を有してゐたのだ。

第二に、政治家（文民出身）の軍部大臣が實現されなかつたことである。巷間廣田弘毅内閣が「軍部大臣現役武官制」を復活させ、以後それを〝武器〟に軍は組閣の死命を制したといはれるが、豫備役まで大臣資格を擴大してゐた時期でも三長官の推薦といふ〝慣習〟は變はらず、豫備役の將官が大臣を務めたこともなかつた。假に三長官の推薦ではなく、首相指名による軍部大臣（文民でなくても）が實現してゐれば、政治のイニシャティヴ強化となり、違つた結果になつてゐたかもしれない。

第三に、これが一番重要なのだが「帝國憲法」における　天皇陛下の位置づけである、陛下は政治的には元首であるが、軍においては大元帥といふ二重性を帶びてゐたことだ。一人の人間がこれを使ひ分けるといふことは不可能であり、元首としても大元帥としてもどちらかに偏ることは出來ない。よつて　陛下としては政軍それぞれの上奏が對立するものであつては、先に述べたやうに極めて抑制的な言動に終始せざるを得ず、どちらかの立場をとるといふことは出來ない環境であつた。

このやうに「統帥權」以前の問題として、上司と下僚の〝甘えの構造〟が常態化し、制度的にも人事はじめ政治優位や關與を排除するシステムが確立してゐたのだ。なかでも陸海軍大臣には認められてゐた「帷幄上奏權」が總理大臣にはなく、その爲支那事變時首相の近衛文麿は、陸相が戰局を傳へないので　天皇陛下からそれを聽いてゐたといふ（井上日召『日召自傳』）。陛下に集約される國務と統帥を調整する機能もなかつたことで、より政治統制を不能にしてゐたといへるだらう。責任の所在が不明確であるとか上司と下僚の〝甘えの構造〟等は陸軍だけでなく他の官廳においても少なからず共通するものであつた。

三　「統帥權」と「文民統制」
――「天皇陛下の軍隊」の必要性――

では、政治統制が十分に機能してゐたら戰爭に勝てたのかといふとさうではなく、要は政治統制が機能してゐたら、戰爭しない選択肢を選んだはずだといふのが現在の「歴史認識」である。これこそ退嬰的な交戰權まで否定してゐる「現行憲法」からの演繹的解釋である。開戰の決定とは政軍兩者の總意による　天皇陛下のご決斷である、勝つ見込みの薄い戰は出來ないと軍が強硬に反對すべきだつたといふのは、見苦しい後智慧に過ぎない。勿論負け戰はしてはならない、だが立つべき時に立たなければ後世民族の誇りまでも失ふことになつたであらう。

保田與重郎がいふ如く大東亞戰爭が「義」を立てた戰であるなら、勝負に拘はらずその意義や普遍性は變はらないはずだ。フランス人が「フランスの榮光」と呼稱する源泉がナポレオン戰爭であるなら、大東亞戰爭は我々の榮光の源泉でなくてはならない。史上比類ない規模で、それも僅か一國で他の大國を相手に實行されたナポレオン戰爭と大東亞戰爭は似てゐる。兩者とも歴史的な負け戰であつたが、同時にそれは「偉大な敗北」(保田與重郎)でもあつて、近代ヨーロッパの誕生やアジア諸國の獨立といふ、その後の世界史を大きく變へる轉回點となつた。「大東亞戰爭とこのナポレオン戰爭の二つは何れも歴史の動きの上でなくてはならなかつたもの」(吉田健一)なのだ。その影響は餘りに多方面に亘りかつ巨大であつたので、その眞の意義ついても更に百年單位の時間が必要となるのかもしれない。

この二つの戰爭が「偉大」である理由の一つは、ナポレオンの氣宇の壯大さといふものが比類ないものだつたからであり、我が國の場合もその理想が高邁で、かつそれを「歴史的使命」として捉へてゐたからである。確かにこれは、浪曼主義者の機會的に昂揚せしめられた「情感と詩趣」に過ぎない（カール・シュミット）といふ批判も出來よう。また、別の不毛な議論としてナポレオンや帝國陸軍が「侵略的」であつたといふ見方もある。しかし、本來侵略と自衛は表裏一體であり、どの角度から見るかの違ひしかない。第一「侵略的」とか「軍國主義」だけであれ程の大戰爭があの期間續けられるはずがない。また「戰爭の収穫が大きいものである爲にはそれを始めたものがそれで一應は一切を失はなければならない」（吉田健一）といふのも、この二つの戰爭が「偉大」である理由であらう。

明治維新以來、國際社會における我が國を見れば、その冷遇にも拘はらずいぢらしいくらゐ國際法の遵守に腐心し、文明國たらんとし續けた歴史である。そのなかで支那の不遜、ロシアの蹂躪、米英の經濟的壓迫にただ一國で對抗せねばならなかつたのだ。我が國の場合は例外的にどう見ても「自衛的」としか云ひやうがなく、東亞における我が國の立場を「歴史的所與」として捉へ、その「所與」を「歴史的必然」、その「必然」を「歴史的使命」として把握してゐたからこそ、支那事變、大東亞戰爭は實行され、昭和天皇も御裁可されたわけだ。故に、大東亞戰爭は我々の榮光の源泉でなくてはならないのである。

建軍以來、帝國陸軍は「天皇の軍隊」たる誇りを忘れなかつた。國民も一旦緩急あれば擧つて歓呼の聲で兵士を送り出し、萬一戰死された場合には靖國神社にお祀りし、天皇陛下のご親拝を仰ぐ。これが「天皇の軍隊」の名譽と矜持である。我が國においては　陛下を中心に國民と軍との一體感の釀成こそ、軍の精強さを維持する要諦であつた。國家にとつて軍の存在が不可欠なら、軍は強くなくてはならない。そして、軍の精強さを決定的にしてゐるのが忠誠といふ概念である。忠誠とは死を日常的にしてゐる軍人の名譽と矜持であり、軍の恣意的行動を抑止する精神的担保でもある。つまり、忠誠の概念が明確でないと如何に「文民統制」が機能してゐても、軍の精強さは担保され得ないのだ。逆に政治統制が弱體化して、軍の自立性や自律性が高まり、獨斷專行が顯著となつても、その精強さは維持され得るといふパラドックスがある。

これを帝國陸軍に當てはめれば、忠誠心の高い精強な軍隊ではあるが、精神性を尊重し過ぎる一方でリーダーシップと信賞必罰が不在で、政治だけでなく自らの統制も不能にした組織でもあつた。また參謀本部が一個の獨立した「國家内國家」（ゼークト）だつた（司馬遼太郎）と見られがちだが、それは現象的理解に過ぎず、組織として絶對的權限を持つてゐたわけではない。實態は省部はじめ各組織や個人の利害が複雜に錯綜するなか、參謀だけでなく他の「幕僚」、上位者も「統帥權」といふものを權力闘爭や自己保身のために都合よく使ひ分けてゐただけで、陸軍大臣もその例外ではなかつた。組織全體が〝甘えの構造〟による「無答責」體制であつた。「統帥權」はそれを文へる、皆が如何樣にも使へるオールマイティの〝ツール〟でもあつたのである。

他方「現行憲法」下の自衛隊はどうかと云へば、政治家や官僚の軍事に對する無知・無理解により統制、特に官僚には「文民統制」ならぬ「文官統制」され過ぎて來た存在である。[6] いくら裝備や練度は一流でも、今後どれだけ「軍」としての自立性や自律性を發揮出來るかは別次元の問題である。自衛隊そのものが米軍の補完的役割でスタートしてゐるので、今も米軍との統合運用が前提である、また所謂攻擊的兵器もないので軍隊としては自己完結した組織ではない。つまり自衛隊とは米軍の幾つかの重要なパーツを構成する「軍」に過ぎず、本來的に自立した軍隊とは云へないのだ。當然だが、自立した軍隊がないところに自立した國家はない。

また、自衛隊が實戰經驗皆無といふ問題もある。自衛隊を退役した某將官は、自分が現役の時一發の彈も擊たず、一人も殺めなかつたことが良かつたと語つた、同じく軍人であつた米トランプ政權のマティス國防長官（当時）は、「敵を殺すのは楽しい」と云つたといふ。云ひ方は悪いが、これが〝ポチ〟と〝マッド・ドッグ〟の違ひである。必ず「戰闘地域」外にゐる自衛官といふ「行政官」と常に命が的の戰場にいる軍人との精神構造の違ひでもあらう。日常空間ではない戰場では、ある種の〝狂氣〟を以て敵を殲滅する氣概がなければ、一日たりとも耐へることは出來ない。マティス氏は戰場の外ではモンク（僧侶）と呼ばれてゐるが、戰場でもモンクのままなら、部隊は全滅である。

加へて防衛省・自衛隊は、かつて外務官僚、警察官僚等に參事官（當時）や局長ポストの一部を排他的に占められてゐたやうに、官僚機構としては、他省庁の下部組織的に位置付けられる屈辱もあつた。實力組織たる自衛隊も、「國軍」としての名譽が與へられてゐないし、その忠誠對象も不在の「軍隊」である。自衛隊員に「軍人」としての誇りがなかつたとしても、それは當然である。精強さを担保する忠誠の對象も不明瞭な「軍隊」の「軍人」に、どう矜持を持てといふのだらうか。現在のところ「行政官」としてのモラル（規範）とモラール（士氣）だけで充分なのである。

以上、歴史的に見ても現在の世界標準からしても自衛隊が、全うな軍隊ではないことは理解戴けるだらう、ハードやソフト何れの面からも、様々な問題を内在させてゐるのだ。少なくとも自民黨憲法草案のやうに自衛隊を「國軍」と位置付ければ、それで事足りるといふわけではない。但し、これは自衛隊の責任は寸分もなく、全て政治の問題である。政治の不作爲と云へばその通りだが、これらハードやソフトの問題を超えて國家の根幹、「國體」に關はることで、此れまで意圖的にネグレクトされ、國民も無關心な最重要事項が一つある。天皇陛下と自衛隊との關係である。

現在、天皇陛下と自衛隊とは全くの没交渉である。實質的な國家「元首」と事實上の「國軍」の接點がないのだ。これは諸外國では有得ない。観閲式や觀艦式に　陛下がご臨席されることはないし、勿論閲兵されることもない。「國體」の具現的象徴たる　陛下と、國家と不可分の軍を現在の如く隔離したままでいいわけがない。英國はじめ立憲君主國の軍隊は須らく、國と最高司令官たる國王に忠誠を誓ひ、その名誉と矜持を享受してゐる。我が國において「國軍」の名譽と矜持の源泉は、世界に冠たる萬世一系の　陛下しか有り得ない。そこから軍人精神といふものが生まれるはずである。

勿論戦前の如く　天皇陛下を大元帥として政治から独立して戴くといふことではない、「國軍」の忠誠の主體と客體（軍と陛下）といふ意味で「統帥權」は必要なのだ。「國體」の躯幹を支へる軍の國民統合の象徴たる　陛下への忠誠は、取りも直さず軍を支へるべき國民への忠誠でもあり、軍人の名譽と矜持となる。またそれは、軍の政治的傾向を比較的穏健なものにする〝副作用〟も齎すだらう。プライドが軍の政治への介入を抑制するのである。

かかる　陛下統帥の軍の存在は、決して「文民統制」を否定するものではない。そして軍に對する國民の負託をうけた政治による統制と　陛下による統帥の兩立は單なる並立的關係ではなく、政軍民（國民）鼎立の頂点に存在する　陛下との關係において理解されるべきなのである。

をはりに

皮肉なことにあれほど軍の「政治關與」が云はれてゐた戰前に於ては軍人に選擧權・被選擧權はなく、これがある意味「政治不關與」を法的に担保してゐた。だが實際には軍人の文官領域參入等で「政治關與」は不可避となり、「非常時局」における政治は軍主導となつた。だが、その主原因は政黨の政治力低下や瀆職事件の頻發で國民の信頼を失つた結果であり、大東亞戰爭終結まで政治のイニシャティヴは恢復することはなかつた。

反對に戰後においては前節で述べたやうに政治による自衛隊への〝過剰統制〟の歴史であり、用兵作戰における「完全な自由」(ゼークト)は勿論、その「政治的思惟」も全く〝封印〟されて來た。今も同様である。だが、今後自衛隊が憲法改正を經て「國軍」となり、現在同様選擧權も與へられるとすれば、尚更政治的中立ではゐられない。さらに忠誠對象が曖昧なまま「政治的思惟」だけを明確にすれば、必然的に軍は政治關與を強め、場合によつては〝政治勢力〟としての對應(政治に對する不服從)も有り得ないことではない。要は政治に對して現在より遙かに複雑で微妙な「政軍關係」のなかで、「政治的思惟」を有した軍への高度かつ合理的なリーダーシップが求められるといふことである。[7] それほど「文民統制」とは難度の高いものなのである。ここで　天皇陛下のご存在が、非常に重要な役割となる。

この「文民統制」を高度に維持するためにも、憲法改正にあたつて「天皇ハ國軍ヲ統帥ス」の一文が必須となる。「統帥權」の主體は法理上　天皇陛下であり、軍の忠誠對象としての意味を有し、軍の「政治關與」を極小化すべく實質的な最高指揮權を總理大臣に「文民統制」といふ形で委囑するといふことである。陛下による國軍統帥は、軍の「政治的思惟」を比較的穩健なものするだけでなく、國軍としての名譽と矜持が法的にも担保されることになる。

陛下による統帥と政治による統制の兩立こそが、我が「國體」のレーゾン・デートルであり、精強な軍隊維持の爲にも必須であることを強調しておきたい。

註

1　「統帥権がしだいに独立しはじめ、ついには三権の上に立ち、一種の万能性を帯びはじめた。統帥権の番人は參謀本部で、事実上かれらの參謀たち（天皇の幕僚）はそれを自分たちが〝所有〟していると信じていた」司馬遼太郎『この国のかたち　一』。

「このころ（ロンドン海軍軍縮會議：引用者）から、統帥権は、無限・無謬・神聖という神韻を帯びはじめる。他の三権（立法・行政・司法）から独立するばかりか、超越すると考えられはじめた。さらには、三権からの容喙もゆるさなかった。もう一ついえば国際紛争や戦争をおこすことについても他の国政機関に対し、帷幄上奏権があるために秘密にそれをおこすことができた。となれば、日本国の胎内にべつの国家―統帥権日本―ができたともいえる」司馬遼太郎『この国のかたち　四』。

2　幕僚と參謀はほぼ同義だが「（陸軍省勤務は）參謀とは言わない」「參謀副官から幕僚付を言う、それを引っくるめて、それを幕僚と言う。參謀長以下、それを幕僚と言う」

木戸日記研究会、日本近代史料研究会『片倉衷氏談話速記録（上）』。

小論では幕僚を參謀よりやや広義に捉え、陸軍大學出身者で參謀本部、師団司令部等軍令機關勤務者から、陸軍省等軍政機關勤務者を含めて「幕僚」と呼ぶことにする。

3
「非政治的及び中立的な軍隊は存在し得ない。これは軍人の政治干與とは混同すべきではない。この干與禁止は軍紀の維持を企図するものである」藤田嗣雄『明治軍制』。

4
「我が國法の立場としては統帥大權は一般の國務に關する大權とは区別せられ、一般の國務については、國務大臣が輔弼の責に任ずるに反して、統帥大權については、國務大臣はその責に任ぜず、いはゆる『帷幄の大令』に屬するものとせられてゐるのであつて憲法第五十五條の規定は統帥大權には適用せられないのである。これが憲法以前から傳はつて、憲法制定後今日まで、そのまま傳統的に實行せられ、またほぼ一般に承認せられてゐる原則である」

美濃部達吉「海軍条約の成立と統帥権の限界」『大阪朝日新聞』一九三年五月一日。

5
「『私に軍事課へ行けと言われれば行きますけれども、行つたらいままで言つていたこと一八〇度方向転換をして、支那事変実行論者になりますがいいですか』と課長を脅かしたら、『いいから行け』と言うから行つたのですがね。そして支那事変をやつたわけですね」

木戸日記研究会・日本近代史料研究会『稲田正純氏談話速記録』。

6
「『文民統制』が『文官統制』と解釈される大きな理由は、戦前からの『文官』たちが、かつて軍の『統帥権』で悩まされた経緯があり、戦後はその反動で、米国製の『文民統制』概念をこれ幸いと恣意的に解釈したためと推測される」

堀茂「文民は政治家で官僚ではない」『産經新聞』二〇〇三年八月十四日。

7

「シビリアンコントロールの要諦は、政治が軍事をいかに理解しているかが大前提である。文民の大臣が気に入らない将官を馘首することではない」

堀茂「国防省昇格と健全な『政軍関係』を」『產經新聞』二〇〇五年七月十三日。

第三章　「文民統制」と「統帥権」——〝「無答責」の連鎖〟の政軍関係

（講演録）

（初出：『國の防人　第三号』）

「改憲」に関わる問題点

まず申し上げたいことは、今の政治、特に国防を考える上で、大東亜戦争前の日本を正確に把握するということが大前提だということです。その把握無くして、現在の政治、国防は語れないということです。端的に云えば大東亜戦争の意義というものの理解でありましょう。

戦後のわが国の外交は御承知のように、国連中心主義と日米同盟が基軸になっていて、国防の基本は所謂「専守防衛」です。その結果は、北方領土は戻らず、竹島は韓国に占領されている。そして、尖閣諸島は支那に蹂躙されつつあるという状況です。

私は、今の我が国は準戦時体制と認識しなければならないほどの危機だと思っています。戦後の日本は今日に至るまで、国家としての自立性や主体性というものを放棄してしまっています。ようやく、安倍政権で「改憲」議論が活発化してきましたが、「現行憲法」という〝腐っている木〟に健全な木を接ぎ木したところで、まともなものにはならないのです。腐木に実はなりません。

元来、私は「現行憲法」は無効であると思っています。それは色々な意味においてですが、まず余りにも安直に作られたからです。ルソーやフランス革命の革命思想、マルクス主義の影響を受けたアメリカ人素人（リベラリストやマルキスト）が、実験的に一週間で組み立てたというのが、「現行憲法」の実態です。勿論、わが国の伝統や文化はまったく無視されています。

実際、新たな憲法を一から作成するとすれば、大変な時間と労力がかかるでしょう。そこで私は、もう一度大日本帝国憲法を基礎として、そこから「改憲」議論をするべきだと考えています。

終戦から昭和二十七年までの七年間は、米軍による軍政期間でした。「現行憲法」は、昭和二十一年公布、昭和二十二年に施行されています。いくら間接統治で日本国政府があったとしても、軍政の下での民主主義とか民意の反映というものはあり得ないのです。当時、労組や野党が吉田内閣を攻撃していましたが、それは民意ではなく、マッカーサーの掌で踊らされていただけだと私は思っています。

ここにきてやっと、安倍首相が九条改正を主導すること自体はいいと思うのですが、一項と二項で戦争放棄と戦力不保持となっているので、それとは別に自衛隊を明記するという「加憲」ということのようです。これを一番喜んでいるのは、連立を組んでいる公明党だと思います。政治技術としての評価はできるのかもしれませんが、我が国にとっては致命的な瑕疵(かし)になりかねません。

戦争放棄や交戦権否認など、国際法で認められていることを不要と書いてあるような憲法はいらないのです。九条の一項と二項、最低限二項は削除して国軍の規定を設けるべきです。

戦争放棄という一項の要素も、前文に入れればいいのです。これは我が国も批准したパリ不戦条約（一九二八年）と同じ精神であり、自衛権の否定ではありません。問題は二項です。

安倍首相の提案だと、自衛隊は戦力ではなく、交戦権も持たないままです。

これでは、自衛隊はただ防御するだけの実力組織になってしまいます。また自衛官は軍人ではなく、行政官のままの地位なのです。ですから、憲法学者の主張する違憲状態は解消されるかもしれませんが、「現行憲法」との整合性を取るというだけでしかありません。

これでは、諸外国は、日本がオフィシャルに自衛隊は軍隊でないと公言しているのと同じです。軍隊ではないとなると、警察同様ポジティブ・リストが適用されることになり、活動が大きく制限されてしまいます。ＰＫＯでも、実態は文民警察官並の扱いになっているのではないでしょうか。

現在の「改憲」議論は「現行憲法」との整合性を取ることが目的なので、自衛隊を軍として位置づけないのです。九条に第三項を加えても自衛隊は戦力ではないから軍隊ではない。よって、九条二項に対しても合法だということなのです。これで喜ぶのは支那、北朝鮮、韓国です。

要は、戦力でないままの自衛隊で、国防を全うすることができるのかどうかということです。もちろん、核武装の議論も必要です。国会で、この議論をしようという国会議員はいないのです。唯一の例外が、本日いらっしゃる西村眞悟先生です。

私が残念に思うのが、現役の統合幕僚長が、安倍首相の「加憲」に賛意を示しているということです。本来であれば、一番反対しなければならない当事者なのです。かつて三島由紀夫氏が市ヶ谷台で決起されたときに「諸君は武士だろう。武士の魂はないのか」と血を吐くように叫ばれましたが、それを聞いていた自衛官からは罵声だけが飛んで来ました。このときの三島氏の苦衷は察するに余りあります。正に、命を懸けた最後の問いかけでした。

今、私も自衛官諸子に「諸君は軍人だろう。軍人としてのプライドはないのか」と問いたくなってしまいます。つまり自衛官自身が、行政官であることに満足しているのではないかと思うのです。今のところ戦闘地域には行く必要がないので、自身の安全は最低限確保されていると思っている人が多いのかもしれません。結局、危険なことはアメリカに任せればいいという精神なのではないでしょうか。

日米同盟では、自衛隊は楯で、米軍が矛の役割をしていると言われているのですが、これは主権国家としては極めて屈辱的なことです。自国を自国だけでは守れないと堂々と公表しているようなものだからです。だが、自衛隊の最高幹部も「これでいい」と言っているのです。

「文民統制」と「統帥権」

戦前の最大の問題として挙げられるのが「統帥権」でした。天皇陛下の軍隊なので、「統帥権」を持たれるのは天皇陛下です。戦前、軍令に関することは政府が統制できなかったので、「軍の政治介入」とか「軍部の暴走」と言われています。そして、それを可能にしたのが「統帥権」の独立のためというわけです。

大日本帝国憲法下で、この「統帥権」が一番の問題であるならば、戦後の一番の問題は「文民統制」であると思います。戦前は「統帥権の独立」のために政府による軍の統制が不能になったのですが、戦後は逆に、政治の恣意的な「文民統制」によって、実力組織である自衛隊を使えない組織にしてしまっているのです。

自衛隊は「専守防衛」という名で政治的に雁字搦めにされ、法的にも自衛権の発動を極小化されています。その結果、正当防衛でしか、武器を使用することができないわけです。

これは、日本人の精神性（メンタリティ）なのかもしれませんが、「平和憲法」とか「人権」といった言葉が独り歩きして、いつの間にか聖域化され、言葉の意味するところも恣意的に拡散されている気がします。少し難しく云えば、「概念の絶対化」や「対象の絶対化」ということが行われた結果、その後は、逆にその絶対化した対象や観念に振り回されてしまうということです。

具体的事例を挙げれば、「文民統制」という言葉は誰でも知っているのですが、その本質は誰も知らない。しかし、「文民統制」と一言云えば、それは絶対的に正しく、必要であると思い込んでいるのです。

実体としても、我が国の「文民統制」とは政治家が自衛隊を頭から押さえつけ、動けないようにしているだけです。自衛官の政治的な発言はもちろん、合理性のある発言までも封じ込めている。政治家はこれが「文民統制」だと思っているというのが現状だと思います。

その一番顕著な例が、統合幕僚会議長だった栗栖弘臣氏の発言の事例です。栗栖さんは当時の防衛庁長官だった金丸信氏に解任されてしまいました。原因はいわゆる「超法規的発言」です。栗栖さんの発言とは次のような内容でした。

現行法では陸上自衛隊は正当防衛でしか対応できない。これだと治安出動や防衛出動の命令が出る前に、敵に殲滅される恐れがある。殲滅されないためには、部隊の指揮官が独断で対処することがあり得る。そのために、政治家に法的整備をお願いしたいと発言したのです。

これに対して金丸長官は、「君たち自衛官はすぐ撃ちたがる」から危ないと栗栖氏に云ったそうです。わが国の「文民統制」とは今も、このようなレベルでしかないのです。

読売新聞が今（平成二十九年五月）、九条の問題を特集しています。立法府（議会）が軍を統制すべきだという議論が欧米にはあり、もっともらしく聞こえますが、立法府が必ずしも軍を統制できるわけではありません。立法府なら正しく統制できるという考え方が幻想なのです。精々、予算管理ということでしょう。

政府の軍に対する政策、人事、装備などが適切に行われているかどうかを議論、判断するのが、議会による統制であり、本来の「文民統制」なのです。つまり、立法府の行政府に対する統制ということです。

わが国においては、自衛官は軍人ではなく行政官なので、文民が文民を統制していることになります。行政官とは政府から命令を受ける官吏です。本来、軍人とは国家の不可分たる軍の構成員なので、政府に従属しているわけではありません。加えて云えば、我が国では軍（自衛隊）は政治的に中立でなければならないと政治家も国民も思っているようですが、政治的に中立な軍はありえません。念の為に云いますが、これは政治関与とは次元の違うお話で、「政治的思惟」を有するということです。

国防省などの役所は行政府ですので、統制を受ける必要があるのですが、用兵作戦に関して軍人は、基本フリーハンドです。しかし軍人は文民の最高指揮官に最終的には従うということでの文民優位です。

また、わが国の特異で複雑な点は、政治統制ではあるのですが、実態としては文官の官僚が統制しているという文官統制になっていることです。

国内では行政官でありながら、自衛隊が海外に派遣された場合は軍隊とみなされます。本当に「文民統制」をしたければ、まずはきちんと自衛隊を軍隊と位置づけなければなりません。行政官たる自衛隊員を「文民統制」しても意味がないのです。

「概念の絶対化」とその拡散により、「文民統制」という政治行為自体が多くの人に恣意的に解釈されてきました。これと同じことが戦前にも「統帥権」に関して起こりました。昭和五年ロンドン海軍軍縮会議で、「統帥権干犯」問題が出てきました。当時は民政党内閣で、野党の政友会が「統帥権干犯」を主張したのです。

その結果、濱口雄幸首相は右翼の佐郷屋留雄という青年に狙撃されました。逮捕された佐郷屋は警察で狙撃理由を「統帥権干犯」だとしたのですが、「統帥権とは何だ」という質問に答えることができなかったのです。こういう状況でした。ちなみに、「統帥権干犯」という言葉を使ったのは、北一輝だと言われております。

"「無答責」の連鎖"

第二次大戦後、ド・ゴールは、フランスが核兵器を持つか持たないか議論になったとき、「核がなければフランスの国益を守るために他国と話し合いをすることすらできない」と主張して、戦術核の保有を決断しました。

今、わが国は、広島、長崎の惨禍があるから核兵器を保有せずと言って非核三原則を堅持しています。それで国防が全うできるのか。わが国の独立自存のために軍隊を持って、そのために必要な装備はすべて検討することによって、国家の安全を期さなければならないはずです。国家は、憲法や原則を遵守するために存在するのではないという基本が欠落しているのではないでしょうか。

現在、我が国では、政治家はじめ「現行憲法」を遵守して、「文民統制」と言っている限り、誰も国防の責任を問われないという状態になっています。帝国陸海軍の幕僚が、「統帥権」行使の主体たる天皇陛下を輔翼する立場故に「無答責」であったように、自衛隊も「文民統制」が貫徹されている限り、責任は問われないということです。

如何に国土が蹂躙され、国民に被害が出ても、政治に従った結果と云えばいいわけです。政治も、憲法を遵守しただけと云えば済むわけです。私はこれを〝「無答責」の連鎖〟と呼んでいます。

このように自衛官はじめ、政治家、官僚、マスコミも、憲法を遵守している限り、国を護れなくても責任は問われないのです。結果的に国土が蹂躙され、国民に被害が及んでも、「現行憲法」を遵守することの方が大事だと考えているからです。憲法の規定以上の国防はできない、そうなった場合はアメリカが何とかしてくれると本気で考えているのです。

しかし、本当にアメリカが何とかしてくれるのでしょうか。私は米国の支援さらには核の傘は機能しないのではないかと思っています。ですから、自前の抑止力というものが絶対に必要なのです。

明治維新以来の我が国の国防方針は、内地を戦場にしないということだったのですが、現在は緩衝地帯となる海外領土はなく、先制攻撃も出来ない。結果、有事には内地を戦場にせざるを得ないということなのに、それを国民に認識させていないということが問題なのです。

最後に、戦後最大のタブーとなっていることが一つあります、天皇陛下と自衛隊との関係です。これは、まずそれを考えること自体、とんでもない話であるという感じですね。実体としても天皇陛下と自衛隊が結びつく要因は何もありません。ご皇室警備から閲兵はもちろん、観艦式や観閲式にご臨席されることもありません。全くの没交渉なのです。

実質的な国家元首と実質的な国軍の関係が、今のままでいいわけはありません。私は、憲法改正に際しては「天皇ハ国軍ヲ統帥ス」という一文が必要だと思っています。この詳細についてはは拙著『昭和初期政治史の諸相』をご覧いただきたいと思います。

第四章　「統帥権」と「平和主義」

（初出：「ゐしんぴあ」三十四巻一号）

「無答責」の逆用

先の大戰前は「統帥權」といふものがあつた。正確に云へば「軍人勅諭」と帝國憲法第十一条「天皇ハ陸海軍ヲ統帥ス」といふ規定である。帝國憲法下の天皇陛下は國務と統帥といふ二つの役割を担はれてゐた、國務は國家元首として、統帥は大元帥としてのお立場である。よつて統帥といふ陸海軍の用兵作戰に關しては、參謀本部、軍令部が直接陛下を輔翼するるので、政府の掣肘は受けないといふ理解が拡がつた。

これは、軍が日清、日露の戰を経て組織人員ともに拡大し政治的発言力を増したといふことであるが、だからといつて、常に政治と對立してゐたわけではない。陛下の大權の一つである「統帥權」の干犯といふやうな云ひ方も、軍自身ではなく北一輝が最初であつたと云はれてゐる。つまり軍自身といふより時の野党勢力、右翼等の政府に對する攻撃材料の一つに使用されてゐたといふのが事実で、政局の材料とされることが多かつた。「ロンドン海軍軍縮会議」での補助艦の保有比率問題での野党（政友会）の与党（民政党）に對する攻撃等がその例である。

また同じ陸軍であつても陸軍省と參謀本部がそれぞれ「軍政」と「軍令」といふ別々の役割を担つてゐたので必然的に對立するやうになる、但しそれで「軍令機關」たる參謀本部が政治を軽視して、常に用兵作戰に積極的であつたといふことではない。支那事変を例に挙げれば、積極的だつたのは外務省と陸軍省であり、參謀本部は早期撤兵を模索してゐたのである。

このやうに「統帥權」の獨立といふことであつても、それだけでは統制出来なかつたといふことである。「統帥權」が軍人だけの〝專有物〟から、政治家やマスコミ、さらには右翼等からも随意に使用されるやうになり、その結果政治の無力化と軍の恣意性が加速されたのである。例へば、閣僚の一人である陸軍大臣でさへ、現地軍の用兵作戦には指揮權を發動出来ないのである。「統帥權」の獨立が、同じ軍人であつても、「軍政」の部署にいる限り、彼等を統制出来ないといふ理窟が成り立ち、その結果責任も取りやうがないといふ〝云ひ訳〟に轉用されていつたのである。

因みに責任を取り辞表を提出した場合はもつと厄介な事態となる。戰前において陸軍大臣といふのは三長官（大臣、參謀総長、教育総監）が次期大臣候補者を内閣に推薦するといふ慣習なので、候補者が誰も推薦されなければ組閣不能となり、その内閣は崩壊するしかないからである。一方參謀本部のはうも形式的には大元帥陛下の命令で動くといふシステム故の実質的なフリーハンドを獲得してをり、陛下の「無答責」を逆用しての無責任体制を構築してゐた。

この「逆用」といふことをもう少し説明しよう、仮に參謀が立案した作戰の失敗の責を負ふといふことになると、それで制度上「命令」を下した陛下の責任も問へるといふことが法理論上一応成り立つ。さうなると參謀の責任を問ふことは、陛下の責任を問ふことと同義となる。だが陛下の責任を問ふことは何人たりとも有り得ない、勿論憲法上の規定もある。それを承知で參謀は陛下の「無答責」を恣意的に敷衍、かつ「逆用」することで自身も陛下同様実質的な「無答責」の立場を確保したのである。満洲事変から先の大戦までは「統帥権」の存在とそのパラドクシカルな乱用の果ての敗戰であつたと云つていい。

「専守防衛」といふ虚妄

これに對して戰後の自衛隊といふものは、当然ながら帝國陸海軍を直接継承するものではない。周知のやうに「現行憲法」で戰力の保持が禁止されてゐるから、建前上は軍隊ではないといふことになり、未だに自衛隊が軍隊かどうかといふ議論が延々続いてゐる。國内では自衛官（防衛省文官職員も含む）は警察官と同じ位置にゐる行政官であるので軍人ではない、だが海外においては（自衛隊は）通常の軍隊と見なされるであらうといふのが政府の見解である。組織装備共に世界有数の実力を誇りながら、存在する場所に応じて概念規定が可変するといふ不思議である。

自衛隊が兎に角國防の任を負うてゐる組織であることは間違ひないはずで、さうであるなら我が國以外の國はこれを通常軍隊と呼ぶ。加へて「現行憲法」下の一番馬鹿馬鹿しい議論が、我が國のみが丸腰で侵略的でなければ他の國は公正と信義の國ばかりなので、自國の安全も委ねられるといふことである。かつてはこのフィクションが強く信じられてゐたので、「平和主義」に對する異論などありやうがなく、それに異議を唱へることは政治におけるタブーと化してゐた。

「平和主義」敷衍の結果は國防に關して「専守防衛」といふ摩訶不思議な術語を作り出し、これを定着させた。その結果、國家國民を守るに足る整備すべき十全な防衛力とは如何にあるべきかを議論するより、既に存在する自衛隊に對して成るべく簡單に動けないやうにするといふ倒錯した議論が政治の中心であつた。自衛隊を如何に「暴走」させないやうにするか、それに腐心することこそ課題なのである。それを担保する米國流制度の一つが「文民統制」であり、これにより「暴走」を阻止し、文民主体の「平和主義」を具現化出来るといふ認識を流布させた。

〝角を矯めて牛を殺す〟といふ言葉があるが、この半世紀「暴走」を心配するあまり多くの手枷足枷を自衛隊に嵌め、肝心な時に全く動けない組織にした結果が、支那やロシアによる頻々たる我が領海領空侵犯、韓國による竹島蹂躙、北朝鮮による邦人拉致である。その間に隣國は着々と軍事力を増強し、北朝鮮でさえ核、ミサイルを保有することになつてしまつた。現在我が國周辺は支那、北朝鮮、ロシア、そして韓國までも敵性國家である。これが現行憲法を「平和憲法」と呼称し「平和主義」といふことの乱用の結果である。

表裏一体の戰前と戰後

このやうに戰前は「統帥權」、戰後は「平和主義」といふものが相對化されることなく絶對化され、其々不可侵の聖域にされてしまつた。本来軍の運用を政治的恣意から離すために制度化したのが「統帥權」であり、「平和主義」は未曾有の悲惨な敗北を二度と経験しないための新生日本の指針として唱へられたものである。

しかし一度それらを絶對化すれば、誰も制御出来ない絶大な物神的存在つまりはイデオロギーとなり、我々の思考を停止させる。戰後の「平和主義」とは「統帥權」と眞逆で、軍事を出来るだけ忌避することと理解され、仮令危機が迫つても〝駝鳥〟の如く怖いものは見なければよいといふことになつた。後は砂に頭を突込むだけある。これはある意味非常に楽なことで、米國依存が所與でかつ経済的安穏が担保されたなかでは尚更であつた。

因みに態々「平和主義」などといふことをいちいち喋々してゐる國など我が國以外にない、当たり前だからである。その「平和主義」の看板を掲げながら國益のためには幾らでも恣意的な自衛權を発動してゐる國が世界のほとんどである。これに比べると我が國は、政治家や官僚の過度の軍事容喙により自ら実力組織たる自衛隊を自縄自縛、結果的に諸外國をして数多くの「既成事実(fait a ccompli)」を作らしめた。かかる異様な政軍關係を生起させたのは、我が國特有のメンタリティに起因してゐるやうに思ふ。

つまりは、ものごとを相對化して思考することが我々日本人は不得手といふことだ。事象の本質をみるのではなく、皮相だけを理解し、その一知半解を絶對化したがる体質とでも云ふべきか。勿論、それが思想などといふものではなく、そこにあるのが単なる形骸化したイデオロギーでしかないことも見えてゐない。

かう考へると「思考停止」させた戰前の「統帥權」と戰後の「平和主義」は決して別物ではなく我々日本人にとつて同質のものであることが分かる、ポジとネガの如く表裏一体と云つてもいいだらう。日本人的な余りに日本人的な思考的宿痾と云へるかもしれない。だとしたら「統帥權」の絶對化による「思考停止」の挙句、その恣意的な乱用が亡國へ導いたやうに、「平和主義」といふものが同じく亡國へ導くことになることだけは何としても避けねばならない。

第五章　憲法改正だけでは國は守れぬ
――天皇陛下と自衛隊

（初出：「新聞アイデンティティ」九十一号）

はじめに

現在（平成三十年一月）、「憲法改正」特に九条における主要な議論は、現行条文そのままで自衛隊を位置づける「加憲」か、もしくは二項削除の上でそれを明記するかである。安倍首相としては、現行条文そのまま残し、つまり戦力の不保持と交戦権否認のまま、自衛隊を憲法上に明記することで「違憲状態」からの脱却が目標のようだ。

もとよりこれは安倍首相の信条からすれば、本意ではあるまい。公明党への配慮さらには國民投票で必勝を期すための〝方便〟であることは明瞭である。事実世論においても、自衛隊の「国防軍」化支持は僅か十二・三%（「産經新聞」平成二十九年十二月十九日付）しかなかった。「讀賣新聞」の調査でも、二項削除の上自衛隊の位置づけを明確にする三十四%、二項維持の上で自衛隊の根拠規定を追加する三十二%（平成三十年一月十五日付）と拮抗している。何れにせよ、これらは明らかに平成二十四年四月に発表された自民党の憲法改正草案より大幅な後退である。

上記の議論も十分尽さねばならないのだが、この九条改正に当たってはもっと大事な問題が内在している。これは殆ど誰も指摘していないことであるが、天皇陛下と自衛隊との関係である。これは自民党草案でも全く言及されていない。

残念乍らどの政党、マスコミにおいても自衛隊の「位置付け」の問題だけで、「国軍」などすぐ出来るかのように思っているのだ。自民党草案においてすら「国防軍」が創設されるというより、自衛隊を「国防軍」と位置付けるだけで済むという感覚で議論されてきた印象を受ける。まして天皇陛下と自衛隊との関係、つまり実質的な「国家元首」と「国防軍」の関係について論ずるものは誰もいない。

國體の本義と國軍

かかる國體の本義にかかわる重要事項が全く蚊帳の外におかれている状況のなかで、本来、國家と不可分の一部である軍がそんなに簡単に出来るわけがない。國體と國軍の象徴的具現たる陛下とは本来一體でなくてはならず、それ故上御一人のみ統率出来給うものである。

これは何れの立憲君主國においても同様なのだが、かかる発想を持つ者も皆無である。現在も英國においては、エリザベス女王により三軍は統率され、女王が最高指揮官である。同様に他の立憲君主國でも「統帥権」は君主固有の権利となっている。

「統帥権」は現在においても真剣に考慮されるべきものであり、君主と國家そして軍との関係に於ける本質論からしても、絶対に必要である。端的に云えば、自衛隊が憲法改正を経て「国防軍」と規定さえすれば、直ぐにでも〝本物〟の軍人・軍隊になれると考えたら大間違いなのである。

自衛隊が本當にフル規格の軍隊となるためには何か非常に重要なものが、現在の議論においても欠落しているような気がしてならない。その重要な一つが「統帥権」の明確化ではないかということである。

軍は行政機関ではない

戦後我が國では軍（特に陸軍）イコール悪というのが枉げようもない所与の認識であり、軍や戦争を思考すること自体が忌避されてきた。「現行憲法」でも軍の保持が禁じられているので、我が自衛隊は実力組織ではあるが、國内法的には軍隊ではない。だが國際法的には軍隊とみなされる、もしくはそう見て貰えるであろうという、世界でも稀有な「軍隊」である。凡そ近代國家で軍隊のない國は特殊な例を除いてない、國家にとつて軍事と外交は存立の為の両輪である。軍は内外の危機に対処できる唯一の自己完結する実力組織であるが、それ故國家にとって軍は〝兩刃の劍〟であり、場合によっては厄介な存在とも成り得る。

つまり如何に民主的な政体の軍であっても、不可避的に政治との関係においては微妙な距離（ニュアンス）と緊張感が存在していて、政治と対峙することも有り得るからだ。逆に云えば、かかる政治への対抗勢力としての能力（勿論、潜在的にだが）もない実力組織では、警察同様、行政の一機関に過ぎない。そして國家にとって軍の存在が不可欠であるなら、軍は強くなくては意味がない。

その軍の精強さを決定的にしているのが忠節（忠誠）という概念である。忠節とは死を日常的にしている軍人の名誉と矜持であり、軍の恣意的行動を抑止する精神的担保でもある。『軍人勅諭』には「其隊伍も整ひ節制も正くとも忠節を存せさる軍隊の事に臨みて烏合の衆に同かるへし」と明記されていた、つまり忠節の概念が明確でない軍においては如何に「文民統制」が機能していても、その精強さは担保され得ないということだ。

「行政官」自衛隊員のモラルとモラール

「現行憲法」下の自衛隊はどうかと云えば、政治家や官僚の軍事に対する無知・無理解により統制、特に官僚には「文民統制」ならぬ「文官統制」され過ぎて来た存在である。いくら装備や練度は一流でも、今後どれだけ軍本来の自立性や自律性を発揮出来るかは別次元の問題である。

自衛隊そのものが米軍の補完的役割でスタートしているので、今も米軍との統合運用が前提である、また所謂攻撃的兵器もないので軍隊としては自己完結した組織ではない。つまり自衛隊とは米軍の幾つかの重要なパーツを構成する「軍」に過ぎず、本来的に自立した軍隊とは云えないのだ。当然だが、自立した軍隊がないところに自立した國家はない。

また、自衛隊が実戦経験皆無という問題もある。自衛隊を退役した某将官は、自分が現役の時一発の弾も撃たず、一人も殺めなかつたことが良かつたと語った、同じく軍人であつた米トランプ政権のマティス國防長官（当時）は、「敵を殺すのは楽しい」と云ったという。云い方は悪いが、これが〝ポチ〟と〝マッド・ドッグ〟の違いである。

必ず「戦闘地域」外にいる自衛官という「行政官」と常に命が的の戰場にいる軍人との精神構造の違いでもあろう。日常空間ではない戦場では、ある種の〝狂気〟を以て敵を殲滅する気概がなければ、一日たりとも耐えることは出来ない。マティス氏は戰場の外ではモンク（僧侶）と呼ばれていたが、戦場でもモンクのままなら、部隊は全滅である。

現在、実力組織たる自衛隊は、「國軍」としての名誉が与えられていない。また、忠節対象も不在の「軍隊」である。自衛隊員に軍人としての誇りがなかったとしても、それは当然である。精強さを担保する忠節の対象も不明瞭な「軍隊」の「軍人」に、どう矜持を持てというのだろうか。現在のところ「行政官」としてのモラル（規範）とモラール（士気）だけで充分なのである。

天皇陛下の國軍統帥と「文民統制」

創設以来、自衛隊と天皇陛下とは全くの没交渉である。実質的な國家「元首」と事実上の「國軍」との接点がないのだ。これは諸外國では有得ない。観閲式や観艦式に陛下がご臨席されることはないし、勿論閲兵されることもない。

「國體」の具現的象徴たる天皇陛下と、國家と不可分の軍を現在の如く隔離したままでいいわけがない。英國初め立憲君主國の軍隊は須らく、國と最高司令官たる國王に忠節を誓い、その名誉と矜持を享受している。我が國においては「國軍」の名誉と矜持の源泉は、世界に冠たる萬世一系の陛下しか有得ない。そこから軍人精神というものが生まれるはずである。

勿論戦前の如く天皇陛下を「大元帥」として政治から独立して戴くということではない、忠節の主体と客体（軍と陛下）という意味で「統帥権」は必要なのだ。國體の躯幹を支える軍の、國民統合の象徴たる陛下への忠節は、取りも直さず軍を支える國民への忠節でもあり、軍人の名誉と矜持となる。またそれは、軍の政治的傾向を比較的穏健なものにする“副作用”も齎すだろう。プライドが軍の政治への介入を抑制するのである。

かかる天皇陛下統帥の軍の存在は、決して「文民統制」を否定するものではない。そして軍に対する國民の負託をうけた政治による統制と陛下による統帥の両立は単なる並立的関係ではなく、政軍民（國民）鼎立の頂点に存在する陛下との関係において理解されるべきなのである。

おわりに　「天皇ハ國軍ヲ統帥ス」
――天皇統帥と政治統制の兩立――

これまで、自衛隊は政治に翻弄され続けて来た歴史がある。政治による自衛隊への〝過剰統制〟は、「用兵作戰」における「完全な自由」（ハンス・フォン・ゼークト）は勿論、その「政治的思惟」も全く〝封印〟されて来た。今も同様である。だが、今後自衛隊が憲法改正を経て「国防軍」となり、現在同様選挙権も与えられるとすれば、尚更政治的中立ではいられない。

さらに忠節対象が曖昧なまま「政治的思惟」だけを明確にすれば、必然的に軍は政治関与を強め、場合によっては〝政治勢力〟としての対応（政治に對する不服従）も有り得ないことではない。要は政治に対して現在より遥かに複雑で微妙な「政軍関係」のなかで、「政治的思惟」を有した軍への高度かつ合理的なリーダーシップが求められるということである。それほど「文民統制」とは難度の高いものなのである。ここで天皇陛下のご存在が、非常に重要な役割となる。

この「文民統制」を高度に維持するためにも、憲法上の規定として「天皇ハ國軍ヲ統帥ス」の一文が必須となる。「統帥権」行使の主体は法理上天皇陛下であり、軍の忠節対象のとしてご存在し、軍の「政治関与」を極小化すべく実質的な最高指揮権を総理大臣に「文民統制」

という形で委嘱するのである。

天皇陛下による國軍統師は、軍の「政治的思惟」を比較的穏健なものするだけでなく、國軍としての名誉と矜持が法的にも担保されることになる。陛下による統師と政治による統制の両立こそが、我が國體のレーゾン・デートルであり、精強な軍隊維持の為にも必須であることを強調しておきたい。

第六章

軍事力強化と「遠交近攻」で「思想戦」を勝ち抜け

（初出：「ゐしんぴあ」三十三巻一号）

鳩山由紀夫といふ思ひ出したくもない元首相がゐる。解決の糸口が摑めてゐた沖縄の基地問題を拗れに拗れさせ、米大統領には自分を信頼せよと大見えを切つた挙句、政権を放り出した人である。昔なら切腹、よくても閉門蟄居のはずだ。

だが、鳩山氏の言動のなかで気になつてゐたことが一つあつた。それは氏が「東アジア共同体」といふことをよく口にしてゐたことだ。ただ、氏の意味するところは、祖父鳩山一郎から受け継いだ「友愛主義」とかで東支那海を〃平和の海〃にして支那韓國共に仲良くやらうといふだけのことであつたらしい。

一見無邪気とも云へる言説であるが、これを単なる能天気な理想論として片づけてはならないと思ふ。政治にはリアリズムといふものが重要なのは当然であるが、それだけでなく、一方で大きな理想や目標といふものが語られなければ國家百年の計は建たない。

大東亞戰争前までは、神武創業の大御心を體した八紘為宇といふ理想があった。それは今日のやうに國際貢献などといふ勿体ぶつた抽象的なことではなく、欧米を排して、まずはアジアが団結するといふことであつた。それを具現化すべく鳩山氏同様の構想があつて、それが石原莞爾や宮崎正義の「東亜連盟」であり、杉原正巳、三木清等の「東亜協同体」論であつた。

その成果の一つが、他ならぬ「満洲國」である。これを今の「歴史認識」とやらで〃日本の傀儡〃と呼ぶのは簡単だが、國民政府が支那大陸統一を果たせず、各地に軍閥が群雄割拠して内戦が絶えないなか、一部の地域でもいいから安定した政権を樹立することは支那人のためにも必要なことであつた。

そして、それを主導できるのも他ならぬ我が國しかなく、結果支那人始め多くの人々が「満洲國」へ流入していつたといふ事実を忘れてはならない。石原の理想とした「五族（日満支蒙鮮、加えて露も）協和」は、現実となりつつあつたのだ。

勿論、「満洲國」は關東軍の対ソ抑止もしくは緩衝地帯（buffer zone）として存在してゐたわけで、清朝の廃帝溥儀の人格及び政治的力量が脆弱故に我が國の「内面指導」が必要といふこともあつた。だが、仮に「満洲國」が十三年で消へることなく、二十年、三十年と続いてゐたら立派な多民族國家として成長してゐたことであらう。

鳩山氏が「東アジア共同体」といふ構想を語ること自体は悪いことではなかつた、寧ろ政治家としては必要なことである。だが、氏と石原が決定的に違ふのは、石原は理想を語るのと同時にリアリストの目でアジアの歴史的経緯や葛藤を分析した上で、直面してゐる課題や問題をどう解決していくかに命賭けで格闘し、それを実行したことである。何故か、石原はアジアの共存共栄のために、我が國益だけを考へてはゐなかつたからである。

それに比して鳩山氏にあるのは我が國を「侵略國」と一方的に断罪した「東京裁判」史観と支那韓國に対する只管迎合する宥和的な姿勢だけである。氏の論理によれば我が國の謝罪とそれに伴ふ譲歩さへあれば、彼等との「友愛」は成り立つと云ふのである。だが、かやうな対応である限り両國は永遠に「歴史認識」を〝対日カード〟として持ち出し、外交的攻勢をかけて来るのは自明である。

支那韓國の捏造史観を叩き潰すには、欧米を巻込み歴史的事実を我々自身が正確に認識せねばならない。両國には巨額の「戦後賠償」を支払つたが、抑々、朝鮮半島と満洲に残した莫大な我が國の資産は露國、支那、南北朝鮮に只取りされたままである。これ以上我が國が彼等に毟り取られる義理はない。寧ろ、その代金を彼等に請求することも考慮せねばならないだらう。

大東亞戰爭は「武力戰」に限定すれば負け戰であつたが、それは唯一米國に対してだけであり、支那ではない。何より開戰目的である〝欧米列強からのアジア解放〟といふ「大義」については、戰後見事にそれを果たした。今こそ、我々は、この認識を強固にしなければならない。

何故なら、戰後これほど日本外交が脚光を浴びたことはなく、安倍外交は瞠目すべき画期的実績を挙げつつあるからだ。今や支那韓國露國を例外として、他はほぼ我が方の味方である。何より孤立気味の同盟國大統領の首相への依存と信頼は絶大かつ顕著で、日米關係も空前絶後である。これは憲政史上の出色で、余人の及ぶところではない。

このやうに大東亞戰爭の目的を完遂した「道義國家」として、支那人のお株を奪ふやうな安倍「遠交近攻」外交の結果、日米同盟始め外交力は確実に強化された。ただ、外交といふものは相手の畏怖する軍事力あつてである、要は自衛隊の「國軍」化と装備充実、さらには「核武装」といふことが必須なのだが、これがほとんど議論されてゐない。

現在の自民党憲法草案のやうに、自衛隊の「違憲状態」からの脱却だけでは、何とも情けない、何より遅すぎる。安倍首相は「國軍」の必要性を堂々と主張し、そして大東亞戰争の正当性を世界に再認識させなくてはならない。

この「思想戰」に勝つことなくして、つまりは大東亞戰争が「大義」を果たした「偉大な敗北」（保田與重郎）であつたといふ認識なくして、我が國の自主獨立はない。

第七章

「主権線」防衛強化と「利益線」再設定を！

――統合運用の中での「陸自」の戦略的価値

（初出：『國の防人　第五号』）

はじめに

大東亜戦争後、我が國の國防は全て米國のアジア戦略の枠内で構築されており、主権回復後も自衛隊は米軍の補完的役割を担うことで、自身の安全も保障されるというものであった。よって我が國や自衛隊独自の戦略やドクトリンなどはありようがなく、それを構想すること自体、「軍國主義」の復活と見做されるような環境であった。

だが、二十一世紀に入り米國の地位やパワーの相対的低下は止まらず、もはや世界の警察官を担う意志も力も減退していると云わざるを得ない。想定される主要な敵も、ロシアではなく中國となり、加えてイスラム國等原理主義者の疑似國家や世界中で跋扈するテロリストグループがその一つとなり、國際法上の交戦國と云う概念でない対象も相手にしなければならなくなった。

我が國も同盟國のかかる状況のなか、経済的躍進と軍事的増強を続ける中國と必然的に対峙せねばならない環境にある。勿論、現在のところ日米同盟は他の選択肢を寄せ付けない現実的なオプションではあるが、これまでのように全て米國ありきで國防を語ることも矜持の問題は別にしても所与ではないだろう。であるなら同盟の維持・深化と同時に、より主体的で自立的な國防が考慮されるのは当然である。

同盟とは云い条、日米同盟は第二次日英同盟のような「攻守同盟」ではないので日本が米國を防衛する義務はないが、この非対称性も再考されねばならないだろう。フィリピンに失礼だが、米比相互防衛条約があってもフィリピンが米國を守ることは誰も考えていない。だが、「相互」とある以上同等である。これは精神の問題であり、出来ることと出来ないことはあるもの、同盟國を支える意志と責任の表出は義務である。

九・一一以降米國はテロ攻撃に対する脆弱性を露呈させ、未だにアフガニスタンやイラクをはじめ中東諸國と多くの問題を抱えている。加えて中國の無法とも云える海洋進出も止まらない。我が國は長く同盟の「片務性」に甘んじていた、だがその継続を望むなら「双務性」を高めるしかない。

四囲を見てもロシアによる北方領土簒奪、韓國の竹島不法占拠、そして中國による南西諸島特に「尖閣」への日常的な領海侵犯、北朝鮮からはミサイル発射による継続的威嚇である。すでに「主権線」における諸外國からの蹂躙が常態化しているわけだ。これは、どう見ても平時ではない、非常時、もしくは準戦時であることを先ず認識すべきであろう。

「主権線」とは、山縣有朋が想定した防衛ラインの一つで、もう一つ「利益線」を設定することで國内を戦場にしないというのが明治以来の我が國の國防戦略であった。小論はこの山縣の「主権線」と「利益線」という概念を改めて検証しながら、日米同盟の維持・深化という大きな文脈のなかで、現在米國で進められているＡＳＢ（AirSea Battle）コンセプト（今後はJAM-GC/Joint Concept For Access & Maneuver in Global Commonsと呼称するらしい）、特にＮ

CW（Network-Centric Warfare）を中軸とした陸海空の統合運用、特に地上兵力（「陸自」）の役割とその重要性について検討するのが目的である。

一．山縣有朋の「主権線」と「利益線」

「利益線」と「主権線」という概念は、山縣有朋が明治二十三年三月に提出した「外交戦略論」において、披瀝されている。これは従来の自國領土内で敵を撃退するという「守勢戦略」からの転換であった。結論から云えば山縣のこの指摘は、現在も通用する卓越した戦略である。ただこの「利益線」の概念は、山縣自身のものではなく、憲法制定過程で顧問であったフォン・シュタイン（Lorenz von Stein）の「利益疆域」論からであった。

「國家独立自衛ノ道ニ二ツアリ一ニ曰ク主権線ヲ守禦シ他人ノ侵害ヲ容レズ國家ノ独立ヲ維持セントセハ独リ主権線ヲ守禦スルヲ以テ足レリトセス必ヤ進テ利益線ヲ防護シ常ニ形勝ノ位置ニ立タサル可ラス」。つまり、独立を維持するには「主権線」だけでなく、「利益線」を防衛する体制が必要というわけだ。山縣が指摘する「利益線」とは朝鮮半島のことである。ただ、山縣は半島を全て我が國の支配下におくことは想定していない。

山縣は半島を最低限中國やロシアの版図にさせず、また他の大國の権益も阻害されないように「中立化」し、日、英、独等でそれを保障すると云う、一種の「集団安全保障」を構想していた。自國の安全保障しか視野にないというのではなく、大國間において「中立」を達成することにより、最低限我が國の「利益線」としての位置付けを維持するという戦略であった。

翻って現在の我が國の國防は、「専守防衛」という「利益線」を設定しない「主権線」におけるものだ。山縣は「守勢戦略」である。これは有体に云えば、有事に國内を戦場せざるを得ないというものだ。山縣は「利益線ヲ防護スルノ道如何各國ノ為ス所苟モ我ニ不利ナル者アルトキハ我ニ責任ヲ帯ヒテ之ヲ排除シ已ムヲ得サルトキハ強力ヲ用ヰテ我カ意志ヲ達スルニ在リ」と規定し、「利益線ヲ防護スルコト能ハサルノ國ハ其主権線ヲ退守セントスルモ亦他國ノ援助ニ倚リ纔カニ侵害ヲ免ルヽ者ニシテ仍完全ナル独立ノ邦國タルコトヲ望ム可ラサルナリ」と結論している。

山縣のこの指摘は、現在の我が國の状況を的確に描写している。「利益線」の設定すら出来ず、米國の軍事力という「他國ノ援助」により辛うじて「主権線」を守っているだけなのだ。よって、我が國は「完全ナル独立ノ邦國」ではないということになる。

現在、我が「主権線」への海空からの侵害は日常化し、頭上には「北」のミサイルが飛ぶことに甘んじている。また領空侵犯ではないが、今年（平成二十九年）八月二十四日に中國の爆撃機が沖縄本島と宮古島間を横断して紀伊半島沖まで飛来している。これが逆であれば、自衛隊機は撃墜されているであろう。

本当に「完全ナル独立ノ邦國」でありたいのなら、「主権線」を死守するだけでは駄目で、「利益線」の設定が必要なのである。現在、台湾、朝鮮は我が領土ではないが、我が國の「利益線」で在り続けており、積極的な「関与」が國防上不可欠であることを國民に示すべきである。

二、米國の「関与」逓減と「主権線」防衛

ＡＳＢというコンセプトが打ち出されたのは、米國のアジア太平洋重視というだけでなく、かつてのように米軍の圧倒的優位という前提での全世界への「関与」という戦略が寧ろ米國を危うくするという認識に立ったからである。ＡＳＢの主唱者の一人クレピネビッチ（Andrew Krepinevich）は、二〇〇六年の「第二次レバノン戦争」におけるヒズボラとイスラエルという非対称な戦闘で例証している。

結果的にヒズボラのような非正規軍でも、イスラエル軍基地、経済的重要地点、また人口密集地の攻撃は可能であり、況やハイテク装備の非正規軍への対応が如何に困難かを示した。三十四日間ヒズボラの発射した四千発のロケット弾のほとんどは、誘導装置のないものだったが、それでもイスラエルの非戦闘員が三十万人も非難しなければならないほどの〝成果〟を挙げたという。

また、イランＡＳＣＭ（対艦巡航ミサイル）をイスラエル艦船に命中させ、陸上でも五十両以上の戦車をロシア製ミサイルで破壊した、所謂Ｇ−ＲＡＭＭＳ（誘導ロケット、ミサイル等）の拡散が、今後あらゆる領域で使用されれば重大な脅威となる。イスラエル軍より遥かに圧倒的な戦力と規模を誇る米軍だからこそ、尚更ごく少数の非正規軍の突発的な攻撃を完全に抑止することは困難というパラドックスが成り立つのである。

今年（平成二十九年）八月に米國はアフガニスタンへの増派を決定したが、米軍は掃討主体ではなくアフガン政府軍への装備提供や訓練支援によりタリバンやＩＳＩＳ掃討をさせるという。これも、「第二次レバノン戦争」での教訓と同じ文脈で捉えられるべきだろう。

端的に云えば、ヘッジはしても「関与」は逓減させるということである。ＡＳＢも中國など特定の國や地域を想定したものではないとしているが、ＡＳＢが想定する戦域は西太平洋、第一列島線、第二列島線の防衛である。オバマ政権八年の「戦略的忍耐」という不作為の結果が、現在の中國の一方的かつ國際法無視の傍若無人ぶりである。

中國にとって支配する領海・領土を一ミリづつ広げるということは、同時に他國の領海領土を一ミリづつ浸食していることを意味する。この野放図が継続すれば、「偶発的事件」が発生する蓋然性は非常に高い。現在、既にレッドラインの第一列島線は、越えられつつある。

その証拠に、我が防空識別圏での出動回数が、平成二十年（二百三十七回、内対中國機三十一回）と比べて平成二十八年は千百六十八回（内対中國機八百五十一回）と対中國出動は二十七倍となっている、「海自」も現在「北」のミサイル対策として、日本海にイージス艦を常時遊弋させている。

また海上民兵と思われる「漁船」等の出現についても、平成二十五年に五島列島に百隻以上が長期停泊し、平成二十六年には約二百隻が小笠原列島父島、母島に出現、赤サンゴを密漁、平成二十八年一月には「尖閣」に約四百隻の「漁船」を集結させている。「北」も平成二十九年七月に約八百二十隻の漁船を我がEEZ内で不法操業させ、海保に排除されている。

これだけ見ても、既に海空自そして海保の疲弊は極に達し、このままでは有事に更なる海空戦力の分散と低下を招きかねない。ミサイル対策を別とすれば領域警備は有事ではなく平時業務なので米國が直接「関与」することはない。

米軍も決してオールマイティではなく、弱点も有しているわけで、有事の共同対処といっても「我が軍はここまでだ」と云われればそれで終わるのである。何れにせよ、我が國による主体的排除が大前提となることを忘れてはならない。

三．ASBコンセプトのなかでの「陸自」の役割

今年（平成二十九年）の八月八日、九日の二日間、東京目黒の陸自幹部学校において第十一回「陸上自衛隊フォーラム」が開催され、「今後の陸上防衛力のあり方（十五年後想定）」につ

いて議論が交わされ、筆者も有識者側委員として参加した。参加メンバーは、四つのワーキンググループに分かれ、「陸自」の1佐クラス（ＡＧＳ：幹部高級課程）の学生と我々有識者が共同で、この課題に対して議論、検討を重ねた。議論の詳細は発表出来ないが、それぞれのグループがパワーポイントでまとめたものはマスコミに公表した。

議論は「日米同盟」、無人機・ドローン等軍事技術革新、ＮＣＷ等統合運用における「陸自」の在り方、そして「朝鮮半島」と「南西諸島」であった。特に、ＡＳＢにおける「陸自」の役割が如何にあるべきかが議論された。ＡＳＢの目的のひとつは、Ａ２ＡＤ（接近阻止／領域拒否）の形成により、敵を長期にわたり疲弊させることである。

かかる意味で、中國側のＡ２ＡＤは現在成功しつつあるといえるだろう。我が國が中國領土領海に接近することはこれまで皆無であり、中國側の一方的な接近だけだからである。先述した海空自の出動回数を見れば自明であろう。

また、別の問題として米國の大統領や國防長官が変わるたびに、我が國が「尖閣」の安保適用を確認していることである。これは同盟の実行性の担保だろうが、ある意味独力排除が出来ないと宣言しているようなもので、主権國家としては洵に情けない。独力排除があくまで大前提で、それで足りない時の支援要請である。

だが、状況は変わりつつある。注目すべきは、宮古島で「陸自」のＳＳＭ（地対艦ミサイル）の配備である。これを「空自」のＰ３Ｃと連動させることは、米國が進めているＮＣＷの自衛隊における統合運用の先験的事例となる。米軍はＳＳＭを保有していないので、島嶼防衛における知見は「陸自」が先行して、米軍と共有することになるだろうし、今後は、無人機・ドローン等を併用することで「陸自」独自の運用も可能になり、さらにその即応性は高まるだろう。

南西諸島には四十九の有人島嶼があるがすべてをカバーするためには、島嶼間移動の高速艦船の「陸自」運用や現有の〃チヌーク〃等の活用拡大で機動性を高めるべきであろう。またＳＳＭに加えて地対地ミサイル（島嶼防衛用高速滑空弾）の配備も急がれる。

クレピネビッチは更に、東支那海、南支那海から西太平洋に繋がる主要海峡近くに所在する陸上兵力（沿岸砲兵部隊）による機雷敷設やソナー設置によりロケット発射型対潜魚雷使用の可能性まで言及している。この意図は、ＡＳＢにおける海空戦力の維持のためにも、陸上兵力による敵潜水艦等の接近阻止能力向上が必要ということだろう。また現在、衛星や無人機にネットワークは依存しているので、それらが破壊された場合地下や海底に光ファイバーケーブルがあれば代替出来るので、その敷設も重要という。

いずれにせよ地上兵力は地上兵力でしか殲滅できないので、着上陸した敵は「陸自」の独擅場となる。そして第一列島線に存在する地上兵力の健在が上記の役割を果たすことで、ＡＳＢにおける海空戦力の集中力を更に高め、Ａ２ＡＤにおけるネットワーク防護等ＮＣＷの主体的存在となりうる。

仮に「尖閣」で有事が発生した場合、中國の「攻撃」は島嶼着上陸やミサイルだけではない、衛星等日米へのネットワーク妨害・破壊、そして「漁船」を偽装した大船団が五島列島や九州南部、そして第二列島線の小笠原諸島において同時多発的に現れ、日本全体を撹乱することが予測される。つまり尖閣等の島嶼防衛だけの対処では済まないことを覚悟せねばならないのだ。

四．日米相互の「利益線」防衛のための日米同盟

第一列島線、第二列島線防護のための日米統合運用は、先ずは相互の基地利用であろう。グアム基地の共同使用は、東支那海、南支那海への日米共同監視体制構築の一歩となる。だが、その前になすべきことがある。グアムは大東亜戦争前から米軍基地の要衝であり、そこに膨大な武器弾薬が集中配備されている。

ここを先制攻撃されたら、一気に米軍の兵站力は低下し、基地として機能を喪失する。かかる状況になったら、米軍は日本防衛どころではなく自軍防衛で手一杯となろう。また、先制攻撃は回避しても、現在は平時の必要分しかなく、しかもそれを増やせるような規模も能力もないという。

つまり現在グアムに配備されているものでは、有事に十分対応出来ないということだ。有

事に切れ目なく武器弾薬を供給できるサプライチェーンを構築し、それを如何に機動的に移動・輸送させるか、またグアムに集積しているものの日本國内分散配備とその供給対策を含めて、喫緊に日米で協議すべきである。これも「陸自」が主導すべき役割である。

以上述べたようにグアムの要衝としての戦略的重要性からすれば、日米共同基地使用は意義が大きい。また、我が國が米領土の共同防衛を実質的にコミットすることにより、同盟の「双務性」は高まり、「攻守同盟」に近づく契機となる。今年（平成二十九年）八月に「北」が、米領グアムへの攻撃に言及した時、小野寺五典防衛相（当時）が「集団的自衛権の発動」を示唆したことは良かった。これは我が國が初めて「利益線」の防衛を宣言したことを意味する。

加えて云えば、政府は在日米軍基地への攻撃も明確に集団的自衛権の想定するカテゴリーであり、日米共同で対処する旨、オフィシャルにコミットメントすべきである。これは、我が國にとって「主権線」の防衛に他ならない。

これを宣言しないと、日本政府が在日米軍基地は我が國への〝直接的攻撃〟でないので、当面「中立」のような状況を政治が選択することがありえるという誤ったメッセージとなり、中國や「北」が、攻撃を躊躇しない可能性を高める。

また逆のオプションとして、在日米軍基地への攻撃でなく自衛隊基地のみの攻撃も有り得る。この場合、米國がすぐ反応せず、暫く静観することがあることも想定しなければならない。何故なら、米國にとって直ちに反撃することは、即自身への攻撃を覚悟する必要があるからだ。

同盟が弱体化すればかかる事態も有り得ないことではない、その場合我が國は暫く独力対処を強いられることになる。果たして、我が國はそれに耐えられるか。かかる事態を創出させないためにも、日本へのあらゆる攻撃は、米國も自國への攻撃と見做し即日米共同で対処するという明確なコミットメントを宣言しておく必要がある。つまり、米國にとって自衛隊基地始め日本防護は米國の「利益線」防衛であることを認識させねばならないのである

五．「利益線」再設定と「主権線」防衛における「陸自」

第一列島線の防衛のためには、「主権線」だけでなく「利益線」の防衛が我が國にとって死活的に重要であることは先に述べた。韓國は有事の際の自衛隊「関与」を否定しているようだが、韓國の生殺与奪は米軍を支援する我が國の作戦特に兵站遂行力にかかっている。

既述のように米軍の兵站はグアムに集中しており、そこが集中的に攻撃されれば一気にその能力は減退する。また基本的に、グアムからの作戦起動では距離が遠すぎて、機動性や即応性にも欠けるだろう。

これらのことを念頭におけば、韓國は「反日」に狂奔している場合ではないはずだ。我が國も、多くの國民がこれまでの経緯で韓國など助ける必要がないと思っているだろう、それ

は感情的な意味では理解出来る。

だが、それはそれで別の問題が存在する。「利益線」という概念を考慮すれば有事の際の韓國支援は彼等のためというより、我が國の地政学的戦略上、絶対必要なのである。韓國の崩壊は、対馬以北の「利益線」の喪失を意味し、対馬以南の「主権線」だけとなることで、九州、中國地方が即戦場となりうるのだ。

韓國は米國の同盟國とは言い条、中國とは「反日」で連携しており、〝頼りたいが頼りたくない〟というアンビヴァレントな民族感情の中で「北」との連携も模索している。だが、韓國が日米の「利益線」である以上、それを失うことにより「我カ対馬諸島ノ主権線ハ頭上ニ刄ヲ架クルノ勢」（山縣）となるのである。まさに〝ダモクレスの剣〟である。逆に中國、ロシアからすれば「北」を失うことは、自身等の「利益線」喪失となり、自らの頭上に「刃」が架かることになる。

この観点から見れば、朝鮮戦争（昭和二十五年）の戦略的意味とは朝鮮防衛ではなく、本質は日米の緩衝地帯として最低限確保しなければならない「利益線」確保であり、米國による日本防衛戦争であったということだ。

当時武装解除されていた我が國は米軍の巨大な兵站基地としての役割しか果たせなかったが、第二次朝鮮戦争に備えて、米國は日本に必要な陸上兵力を三十二・五万人と見積もり、その整備を要求したのである。その後「池田・ロバートソン会談」で米國の要求を十八万人に〝まけてもらい〟、この十八万人という「基準」だけが独り歩きし、本当に必要な陸上兵力数という議論が今も出来ていない。

実はこの三十二・五万人という数字には説得力がある。大東亜戦争前の昭和八年の帝國陸軍の総兵力（平時）は、十七個師団二十三万人、加えて台湾軍、朝鮮軍がいた。当時我が國の人口が七千万人、昭和三十年当時の人口は九千万人なので、その比率で計算すると約三十二万人前後となり、米國側から提示された数字とほぼ同数となる。つまり、米國は帝國陸軍の平時定数比率をそのまま流用したということである。

この数字を確保出来れば、「主権線」だけでなく日米の「利益線」防衛も想定した兵力数ということでもあり、現在の定員十五万という数字の持つ意味は、改めて考える必要があるだろう。地上兵力は必然的に政治と密接しており、平時より國家パワー投射の反映でもあるのだ。

おわりに

我が國において、総兵員数のうち予備役が圧倒的に不足しているは周知であろう。通常は現役の二倍の数字が必要といわれているが、それが現在約四万人しかいない。予備役が圧倒的に不足するなか、有事の際の「民間防衛」については、所管する役所（現在、総務省が部分的に担っているが）も決まっておらず、非戦闘員の避難場所建設やその誘導、保護、また防火消火活動、負傷者に対する手当等は、誰がどう対応するか何も決まっていない、組織も制度もないのが現状である。

「國民保護法制」は出来たものの、國民が主体的に國防に寄与するという観念が全く欠落しており、他人事の如く有事の際には何もしなくてもいいことになっている。現状のままだと、有事の際自衛隊特に「陸自」が非戦闘員保護や救援に関わることは出来ない。そうでなくても寡兵で戦わねばならないのだから、非戦闘任務につく余裕はないだろう。

筆者は同フォーラムで、かつて議論された「郷土防衛隊」的な組織の必要性を強く訴えた。既存の消防団（現在は高齢化しているが）等を活用し、それを主体とした「國民防衛団」（筆者仮称）や米國のＲＯＴＣ（学生の予備士官育成制度）をモデルに学生への奨学金の充実（そのかわり十年程度の期間の訓練参加を義務）、特に医学部、歯学部、看護学部、福祉学部系の学生を重点的に予備自衛官として参加してもらい、組織充実を図る。

また、消防団については現在、危機管理学部を有する千葉科学大学が「学生消防隊」を結成されているとのことで、これも好事例になるだろう。何れにせよ、有事には國民の主体的な國防意識と行動が不可欠であり、それを支える必要な組織構築と運用、そして法整備が必要なのである。そして、その主導は「陸自」以外有得ないのだ。

第八章　いまこそ「國防の國民化」を！——「國防税」導入のすすめ

（初出：『國の防人　第六号』）

はじめに

朝鮮半島情勢は南北会談後、米朝会談もスケジュールに上り、一見融和的な雰囲気が醸成されているようにも見える。だが状況がどう推移しても、「北」が唯一無二の「外交カード」である核開発を放棄することはありえないし、運搬手段である弾道ミサイルも温存されるだろう。

彼らの云う「非核化」の意味に、少なくとも核開発の「技術」は除外されており、一部の設備や配備された弾頭は破棄しても、「技術」だけは絶対に手放さない。また、交渉が長期化すれば、事実上の「核保有國」と認めざるを得なくなるので、いずれにせよ「北」に損なことはない。

困ったことに韓國が望むのは北の「非核化」より半島統一國家であり、それが「一國二制度」で達成されるなら、北はまた多くのものを得ることになる。現状でも、米韓同盟維持の上での米軍の韓國撤退なら、米中の「ディール」成立も否定出来ない。

だが我が國にとって、この「ディール」は「アチソンライン」の復活、つまり防衛ラインが三十八度線から対馬以北への後退を意味し、韓國という〝緩衝地帯〟の喪失となる。これは、國防戦略の変換を迫られるような危機である。〝緩衝地帯〟を失いかつ予防的先制攻撃も出来ないとなると、現在の守勢戦略ではいきなり内地が戦場となる蓋然性は高まるだけなのだが、かかることを想像する政治家や國民も少ない。

その大きな要因として、戦後七十年にわたる「現行憲法」に「担保」された「平和」という幻想、そしてその幻想に起因する「平和主義」という価値は絶対であり、如何なる局面でも戦争は「悪」であるという観念がいまだ所与のものになっていることだ。

戦後の「平和」の源泉は共産ロシア、共産支那からであり、彼らを「平和勢力」と見做し、米國を好戦的な「帝國主義」と規定したのはマルクス主義者や所謂「進歩的文化人」であった。それを引き継ぐ人々は、いま「リベラル」と〝看板〟を変えているが、主義主張は変わっていない。

また國民の多くも、米國の提供する属國的「平和」に満足し、自身で主体的に軍事外交を考えることを忌避してきた。昔日の大日本帝國及び帝國陸海軍の栄光は全て否定され、「現行憲法」のもと、一旦緩急あれば義勇公に奉じ、民族の矜持を懸けて、血を流してでも守るべきものがあることも、すっかり忘れさらされている。

自分の國は自分で守る、至極当然のことである。だが、この七十年の「平和主義」の猛毒は、我が國を戦うことを知らない、見たくないもの怖いものには眼を瞑るだけの〝駝鳥の平和（ostrich policy）〟の國に貶めてしまった。

そして四囲を見渡せば、我が國の周りは米國を除き友好的な國は一つもなくなった。かつて「進歩的文化人」が「平和勢力」と規定した國々は、日夜我が領海領空領土を侵害し続けている。半島の南北二國家は統一を目指し、いずれも「反日」で立場を同じくし、「南」は支那と連携し捏造した「慰安婦」問題に狂奔、「北」は遂に核武装を完結しようとしている。これが我が國を取り巻く現状である。戦後最悪の國防環境といっていいだろう。

一・「國防の國民化」
――「國民精神の緊張」の必要性――

「専守防衛」という自衛隊の役割すら限定的にしか与えていない我が國で、國防における國民の義務や果たすべき役割はこれまで満足に議論されたことはなかった。当然ながら國防は國民全体の問題であり、國だけでなく國民も主体的に考えねばならないものである。つまり「國防の國民化」ということが絶対必要なのだが、これまで政治もマスコミもその必要性を訴えるものはいなかった。

戦後の我が國においては、一部のマスコミを中心に國防と云い出しただけで戦前回帰を連想する、忌避されるべき言葉のようにしてしまった。特に七年に亘る米國による占領期間中は、事実上のGHQによる検閲で、全くの思考停止であった。その間に所謂「軍國主義」や「國家主義」を想起させる用語や名称は全て使用されなくなり、自衛隊創設後もそれは続き、東部軍は東部方面隊、歩兵連隊は普通科連隊、戦車は特車、参謀は幕僚と呼称されるようになった。

そして國防は、「防衛」という受動的で矮小化された名称にされ、さらに「安全保障」というこれまた実に曖昧な言葉となり、その意味も拡散・希薄化されていった。本質が同じなのに名称が違うというのは、〝名正しからざれば則ち事成らず〟である。これでは國民に分かりにくいだけでなく、諸外國からは不要な疑念を生じさせるだけである。まず名を糺すことから我々は始めねばならない、その上での「國防の國民化」である。

元々この「國防の國民化」というのは、大正時代末、今（平成三十年）から九十三年も前から云われていたことである。当時、田中義一（後に首相）が陸軍退役後「國民精神の萎靡はすべて政府の責任」（『大阪毎日新聞』大正十五年十二月掲載）と題した演説のなかで言及していたものであった。これは田中が、第一次世界大戦が武力戦だけでは勝ち抜けない、國家の総力を挙げた経済、文化、思想、情報を含む「総力戦」であった為、開戦前有利と云われたドイツが前線で勝利しながら、思想戦で連合國に敗れたとの分析に衝撃を受け、今後我が國においても平時から國民の健全な國防意識の涵養が死活的に重要であると認識してのことである。

帝國陸軍が反面教師としたドイツは敗れたが、その後の復興は瞠目すべきもので、田中はその要因を「精神の緊張せる賜物」とし、結局「幾多の政策主張も結局國民精神の緊張がなければ実行もない」と総括した。これに比して我が國は連合國の一員として対独戦に勝利したが、戦後は軍や軍人を嫌悪、戦争を忌避する雰囲気が瀰漫し、國民の意識は反軍もしくは嫌軍的傾向が顕著となってしまった。

「國民精神の緊張」とは、今風に云えば危機感とか危機意識ということであろう。その醸成こそ一番重要で、國民全体が主体的に國防を考える動機づけとして、政府は分かりやすい情宣活動を行い、國民を啓蒙しなければならないのに、ほとんど手を拱いていた当時の政権与党憲政会（のちの民政党）の対応を批判していたのである。

残念乍ら、現在も状況はほとんど同じで、主体的に國防を考えようという國民は少ないし、政府も十全な防衛体制だからミサイルなど心配ないという能天気である。客観的にみれば田中の時代より國防環境は遥かに悪化しているのである。当時アジアにおいて日本を脅かす國はロシア以外存在しなかったが、今や北朝鮮、支那、ロシアの脅威が顕在化し、韓國も友邦ではない。

少しづつ國民の危機意識は高まっているようだが、未だ有事に対するリアルな感覚は乏しいようだ。また田中の時のように政府に國防体制の不備を糺す野党もなく、逆に政府の積極的な國防政策を違憲と糾弾しているのだから、主導すべき政治の方に「國民精神の緊張」というものが欠如しているとしか云いようがない。

二．「意識に目ざめることから始まる」

――國民主体の「民間防衛」――

つまり我が國は大東亜戦争後、國家國民全体で有事に備えるという他國では当然の行為が疎かにされているのだ。有事になってからでは遅いのは自明だが、平時においてこそ組織と制度を整備し、それらを如何に効果的効率的に運用するかが肝要である。具体的には國民の役割分担を明確にし、避難誘導、救護介護、消防、衛生等それぞれの組織確立と人員育成、そして定期的な演習実施である。

民間防衛の亀鑑たるスイス『民間防衛』マニュアルの冒頭に「民間國土防衛は、まず意識に目ざめることから始まります。われわれは生き抜くことを望むのかどうか。われわれは、財産の基本たる自由と独立を守ることを望むかどうか。――國土の防衛は、もはや軍にだけ頼るわけにはいきません。われわれすべてが新しい任務につくことを要求されています」とある。

「意識に目ざめる」とは、田中の云う「國民精神の緊張」であり、國民全体の危機意識の共有である。その上で、國民それぞれが「新しい任務」というものを考え、全体でなすべきことをやるということである。「そのために力を尽くすことが、わが國当局と國民自身の義務」と明確に規定している。

周知のようにスイスは一六四八年以来、永世中立を宣言した國であるが、無防備であったわけではない。精密機器を得意とする國柄でもあるので、それを活かした機関銃等を供給する武器輸出國（二〇一六年実績で世界十五位）でもある。また、國民は一旦有事になれば、全員に役割が付与されており、國民と軍は一致団結して対処することになっている。

それに比して、我が國の國防は自衛隊が担うというだけで、國民には何の役割もない。その自衛隊すら「専守防衛」という奇妙な論理で編制はじめ装備体系が想定されているので、先制攻撃は勿論爆撃機や弾道ミサイル、巡航ミサイル等の「攻撃的兵器」の保有も自制している。

「専守防衛」というのは、端的に云えば攻められてからはじめて攻め返すということなのだが、それは國内を戦場にせざるを得ない、つまり國民の犠牲を前提にしている戦略でもある。それなのに有事の際、國民が何を為すべきかは何も問われていない、もし「保護」される側として何もしなくてもいいとすれば、これほど危ういことはない。「國民保護法」でも「國民の協力は國民の自発的な意志にゆだねられるものであって、その要請に当たって強制にわたることがあってはならない」と記されている。

國家の有事で國民が生きるか死ぬかの時に、國の「強制」がなくて誰がどう守るのか。「強制」なきところ、死待つのみである。十九世紀の戦争のように「前線」と「銃後」の区別は無く、國民はすべて「前線」の中に巻き込まれるのに、「協力」もせず、ただ「保護」されるだけであるなら、自衛隊員が今の十倍いても足りないだろう。

「國民保護法」は平成十六年に出来たが、管轄する役所も明確でない、かつ上記のように國民は「保護」されるという対象でしかなく、自ら主体的に國防に参画するという発想すらない。國民も、それは自衛隊はじめ國や行政がなんとかしてくれるだろうという感覚である。一旦有事になれば、自衛隊は「國民保護」どころではない。そうでなくても寡兵で戦わねばならないのに、その為に割ける兵力はないだろう。かかる意味でも國防は國や自衛隊だけに任すべきものではなく、國民全体が國防を考え、それぞれが果たすべき役割を全うする、「國防の國民化」というものが絶対必要なのである。

三．「國防税」を導入せよ
――「守勢戦略」から「攻勢戦略」へ――

我々も『民間防衛』の如く、「まず意識に目ざめることから始ま（る）」。どう見ても、我々はまだ意識に目ざめていない。この「國民精神の緊張」つまりは危機意識の欠如故に、憲法改正すらままならず、自衛隊を國軍と位置付けることすら出来ていないのだ。

なお『民間防衛』は一九六九年に國民に配布されて以来一度も改定されていないとのことで、今や同國においても、その存在を知らない人がいるという。冷戦が終結して東西の対立が無くなり、以前より核戦争の蓋然性が少なくなったということで國民の意識は以前より弛緩しているということであろう。だが有事は必ず起こり得る。ある意味、スイスにおいてさえ、國防に対する啓蒙が足りていないということだ。だが、今後もスイスが武装中立を止めることはないだろうし、國民も徴兵制を支持していくだろう。

スイスは我が國同様「守勢戦略」の國である、よって有事には國内を戦場にせざるを得ない、だから避難施設が必須のものとなるのだ。特筆すべきは、武装中立を維持するためには膨大な予算と年月をかけても、全國民を収容してもまだ余るキャパシティを備えた堅固なシェルターを建設した断固たる意志とその実行力がスイスにはあったということである。

我が國が今後も「守勢戦略」を取るというなら、スイスの例にならい全國民が避難できる堅固なシェルターが必要である、だが人口六百万のスイスと一万二千六百万人を有する我が國とでは、単純計算でスイスの二十倍以上の施設が必要となるわけだ。これは途方もないものとなる。予算的にも物理的にも恐らく不可能であろう。

ならばどうするか。それは國防戦略の変更しかない。「専守防衛」の見直しである。「守勢戦略」から「攻勢戦略」へ、つまり國内を戦場にする戦略から、國内を絶対戦場にしない戦略への転換である。予防的「先制攻撃」も排除しないと云うことである。だが「攻勢戦略」に転換したからといって、國民が何もしなくていいということにはならない。國民が如何に主体的に國防に参画していくべきかは、國民自身の問題として常に問われているのだ。

例えばミサイル攻撃があった時、内閣官房が出している「國民保護について」によると「近くの建物（出来ればコンクリート造り等の頑丈な建物）の中又は地下街、地下駅舎などの地下施設に避難」とある。東京や大阪のような大都市で一度に地下街等に何十万という人々が殺到したらどうなるのか、子供にでも想像できるだろう。極度の恐怖とパニックで、逃げ惑う人々同士が無秩序に乱れ、互いに我先と争い、一部は暴徒と化すだろう。その時に女性や高齢者、子供はどうなるのか、正に地獄絵（pandemonium）である。

誰も非戦闘員を主導・誘導するものが存在せず、かつ退避施設もなければ、必ずこういう事態が生起する。だが、國はただ逃げろと云っている。平成二十九年、実際Jアラートが送信された後の当該地域の住民アンケートにおいて、「なぜ避難等できなかった（しなかった）か」という設問に、一番多い回答が「避難しても意味がないと思ったから」（ネット調査では約四割を超えていた）であった。

ある意味、國民のほうが現状の体制不備を理解している。何と云っても、國が指定している「避難施設」は小中学校、老人ホームが中心なのである。だが、國民が國防に対する主体性を放棄して、現在のように無関心のまま、自身の生存に関わる負担もしたくないというなら、我々はかかる状況も覚悟せねばならない。

先述したように堅固なシェルター建設には途方もない予算と年月が必要となる。現実的に既存の予算だけでは到底無理で、新税で対応しないととても賄えないだろう。ことは國家の存立と尊厳、そして國民の生命財産に関わることである、直接國防に関わらない國民も応分の負担をするのは当然である。

念のため云えばこれで自衛隊の人員増や装備改善に充当しようというものではない。國民が自ら守るためのシェルター等の建設や制度・人員整備のための予算である。仮に二十歳以上の國民八千万が、年間六千円（月間五百円）支払うと四千八百億円の財源となる。この新税は、「國防税」と位置付けられるだろう。

四．かつて構想された「兵役税」とは
――國防への國民の応分負担――

実はこの「國防税」と似た発想で、「兵役税」というものがかつて構想されたことがあった。明治二十一年当時法制局参事官であった眞中直道という人が、当時の我が國の実情からすると徴兵制はメリットよりデメリットのほうが多いと論じていた。

眞中は云う、当時の壮丁の概数は四十万人で、その内実際徴兵されるのは僅か二万人であり、この二万人を徴兵するための皆兵制度では、デメリットのほうが多い。具体的に云えば、僅か二万人とはいえ何時召集されるか分からないので、現役年限を外れるまでの長期間家族を含めて何時徴兵されるか懸念しなければならず、その結果あらゆる手段と労力を使って徴兵忌避が行われるというのだ。

であるなら寧ろ対象となる壮丁全員に「兵役税」を課し、これを納付したものは兵役から免除したほうが合理的というわけだ。勿論、必要な兵力数は充当されねばならないが、必要数は僅か年間二万人であり、平時であれば志願兵のみでも充分充当される数字であろう。「兵役税」による財源で、志願兵の給与も充実できるというわけだ。

眞中は兵役を一種の「税」として捉えており、税であるなら年貢米のような現物税か貨幣を以て充当されるべきという。兵役は金納で代用出来ないので、「現物を以て之に充つる」現物税のひとつとなる。現物税は通常、「現物」でなくては納められないか、または「現物」のほうが便利もしくは収税者が「現物」を必要としているからである。収税者（國家）が必要としている「現物」つまり壮丁の数は決まっているので、大多数の徴兵されないものは何らかの負担をしないと徴兵されたものとの間で不公平感が拡大する。

当時、徴兵に応じるとその家族が自活出来ない場合、それを延期出来たので、「富者の子弟が貧者の子弟を羨望するの奇観を呈し、兵役令は大いに貧寒者たらんことを奨励する」という逆説となり、また僅か二万人の徴兵では、兵役に服することが名誉であるような「美風」も生まれえないし、寧ろたまたま運悪く〝災厄〟が降りかかったような感情が拡散するだけだろうと眞中は危惧していた。

実際「竹橋事件」（明治十一年八月、西南戦争での論功行賞に対する不満とさらなる給与削減への反発から兵卒が起こした反乱）等に象徴されるような兵卒の不満は終息することなく、政府への反発が軍隊内で益々醸成されていたという状況もあった。

眞中は上記のような状況を勘案して「兵役税」を提案をしていたのだ。彼のシミュレーションによると、仮に一人当たり五十円を「兵役税」とすると壮丁四十万人が悉く金納したら、二千万円となる。二万人の壮丁の俸給を百円（当時の新任小学校教員と同年俸程度）としても、総額二百万円で残額が千八百万円、壮丁の半数が金納に応じても総額一千万円だから、八百万円が残るという。何れにしても俸給を一定程度保障すれば志願制であっても、必要な兵力は充当出来ると眞中は認識していた。

結果的に「兵役税」は実現しなかったが、兵役を一種の「税」として捉えるというユニークなアイデアは、眞中が当時の我が國の財政の脆弱さを考慮してのことであった。國防上徴兵すべき兵卒の絶対数が足りないわけでも、また戦時における所要の兵員が得られないわけでもないのに、國家の「根本たる基礎として倍々鞏固ならしめ、永久不抜の業を興さん」という理念だけで「徴兵制」を維持するメリットは少ない、という冷徹なプラグマティズムであった。

現在も我が國は、戦後の「現行憲法」による「平和主義」や「専守防衛」という妙な「理念」に呪縛されており、國防議論において「核武装」や「攻撃的兵器」等はタブーもしくは予め議論から除外されている、要は前提条件なしの自立した國防議論がなされていないのだ。今こそ、眞中のように既存の「理念」やタブーを捨て、プラグマティックに我が國のあるべき國防を議論すべきで時であろう。

五．「兵役」は「苦役」か ― 神聖にして崇高な名誉ある任務 ―

現在、「壮丁」数（男子二十歳）は約六十万人、「新兵」総数は約八千人（男女）である。同一年齢での数なので、これに幅を持たせれば実際の「徴募率」はさらに下がることになる。逆に云えば、一％に満たない割合しか直接國防に寄与していないということである。國防は全國民応分の負担を原則とすべきで、「現物」（すなわち徴兵による就役）と現物貨幣の両税を併用し、國の事情と國民の希望に応じてそのどれかを納めるべきである。

現実的には今徴兵制度がないので、全員志願で賄っているが、これ以上定員割れとなれば徴兵制も考慮されねばならないだろう。安倍政権は徴兵制を「強制的な苦役」と位置づけているようだが、これでは各國の兵士は皆「強制労働」と変わらないことをさせられているという認識になる。國防という神聖にして崇高な任務を「苦役」などと云うのは、世界中見渡しても我が國だけであろうし、そもそも徴兵制若しくは志願制を採用するかは、それぞれの國の事情に因り選択する政策の違いというだけである。

最近の動向では、歴史的にロシアからの何度も侵略を受けているスウェーデンが八年振りに徴兵制を復活、フランスでもマクロン大統領が徴兵制復活を宣言、國民も六割近くが支持しているという。バルト三國のリトアニアも徴兵制を復活、エストニアでは徴兵制維持に加えて、正規軍ではない民兵組織がロシアの侵略に備えて訓練している。勿論、ロシアのクリミア併合ということもあるが、彼等の行動の源泉は歴史からの教訓であり、いまそこのある危機へ「國民精神の緊張」を以て名誉ある任務についているのだ。

要は、彼の國を全く信じていないのだ。当然であろう、「平和を愛する諸國民の公正と信義」など存在しないからである。我が國の四囲を見よ、ロシアは我が北方領土を七十年以上にわたり蹂躙し、韓國は竹島への不法占拠を続け、支那は虎視眈々と尖閣はじめ沖縄本島を狙っている。これが現実である。

徴兵制が「苦役」なら、自衛隊員も内容的には「強制労働」に近いことを自らの意志で行っていることになるが、幸いなことに、「苦役」などと思わない「國民精神の緊張」を持つ健全な多くの若者が存在するから頼もしい。現在、自衛隊への応募は二万五千人内外あり、新規入隊者は約八千人である。つまり、徴兵制がなくても二万五千人は、「金納」ではなく「現物」で「納付」する意志があるということである。

勿論、それで充分というわけではない、國防の負担は広く全國民が応分にすべきである。眞中の「兵役税」は、対象を壮丁に限っていたが、既述のように「兵役税」は、もっと広く國民全体が負担すべき「國防税」として導入する必要がある。税収の伸び悩みは、何れの國でも同じだ。まして世界一高齢化が進み、國民の半数が高齢者という状態が目前の我が國では尚更である。軍にだけ國防を任せて國は守れない、國民全体が危機意識を共有して、バーデン・シェアリングすることは必須である。

おわりに

再言するが「國防税」は自衛隊の人員増や装備改善に充当するのではない。「民間防衛」において國民が自ら守るためのシェルター等の建設や制度・人員整備のための予算である。國の指針で述べられているように既存施設への避難が一時的に出来たとしても、それらが十全な退避施設としての役割が果たし得ないのは自明である。堅固なシェルター建設は最優先である。

一刻も早く、既存の地下施設を起点にシェルターとして拡充せねばならない。例えば東京の都営大江戸線は災害時にも活用出来る路線として非常に深い位置にあるが、それらの施設を基点に拡充して建設されるべきであろう。キャパシティとしては、少なくとも一週間程度の防護に耐える食糧と居住空間の確保も必要である。『民間防衛』によると、國民中「民間防災要員」適格者は、高齢者、傷病者、子供等を除き、多くて1／3と云われている。その内、「自警団」要員に1／4、「地域防災」要員に3／4を割り当てるとされている。

これを我が國にあてはめれば、全人口一億二千五百万人中、高齢者（六十五歳以上）は三千四百万人強、十四歳以下の子供は一千六百万人弱、これに傷病者等を千三百万人として、約６六千三百万と約半数となる。「民間防災要員」はその１／３として二千百万人となる。中隊規模で指揮するとしてリーダーだけでも十万人が必要となるのだ。この十万人が「民間防衛」を支えるわけで、彼等を支える國民組織もまた不可欠となる。組織的には、かつて構想されたことがある消防団を発展させた「郷土防衛隊」等が戦時防災の役割を担い、また日本版ＲＯＴＣとして現役の学生の予備士官養成も考慮されるべきである。

そのための奨学金を得た医学部、看護学部、歯学部、保健学部等医療系の学生は「医療部隊」、福祉学部、介護系学生は「ヘルスケア部隊」、体育学部、体育会系学生は「防災部隊」、精神医学、心理学系学生は「メンタルケア部隊」等の予備自衛官として育成すべきである。堅固なシェルター建設と合わせて、十万人のリーダーを養成するためには膨大な時間と経費が必要となる。これらは何時始めるかではなく、今始めねばならない。

「北」の核開発をはじめ、ロシア、支那等現実の脅威が高まっている今こそ、「國民精神の緊張」を以て「國防の國民化」を強く政府に求めるが、その推進主体はあくまで我々國民自身であることを肝に銘じたい。

第九章　ニヒリズムなき政治と「畏れ」知らぬ為政者
――「相対化」を拒絶する人々

（初出：『國の防人　第八号』）

はじめに

「東日本大震災」以後、「原発」というものに対して問答無用の拒絶に近い感情が一部國民にあり、更にそれが「核」の問題とリンクすることで、再稼働にも絶対反対という。また別の重要な問題である沖縄の米軍やその基地に関しても、歴史的経緯と今の沖縄の負担の大きさに加え、多発する事故や不祥事により、米軍は同盟國の軍隊というより基地問題における「諸悪の根源」と考えている人も多い。

これらのメンタリティは、現象的には異なる次元の事柄のようにもみえるが、実はその根底は同じなのである。本来、現実の政治においては、「原発」の可否は我が國のエネルギー政策全般から議論されるべきものであり、同様に米軍基地問題にしても我が國を取り巻く安全保障環境全体を鑑みた國防政策全般から議論されるべきものである。だが、そのような大局的見地からの合理的な説明や議論ではなく、ただ「原発」廃炉、「基地」撤去せよということであるなら、両者ともそれ自体が目的となっているとしか思えないからだ。

「原発」を無くしたり、米軍を撤退させるリスクが語られることがないまま、エネルギー供給全般の不安定やコストアップ、もしくは抑止力低下や地元経済の悪化等は全く考慮されないとしたら、これらのリスクに対して誰が責任を取るのか。また、その逆の論理として「原発」ではなく再生エネルギー等であれば、エネルギー供給全般を不安定にしようがコストアップ、効率ダウンになろうが全て可というのも同様である。
要するにこれらは「原発」や「基地」に対する「絶対的拒否」である、よって如何なるリスクや問題点があってもそれらは全く無視してよいということになる。つまるところ、反「原発」や反「基地」運動というものが、「絶対的価値」として不可侵の物神的存在と化し、神聖視されるべき一つのイデオロギーに昇華されているのだ。これは「現行憲法」についても同様である。だが、その実体は単なる思考停止であり、ものごとを本質的、大局的に考えなくて済むようになっているだけなのだ。

最近、幾つかの駅周辺で「九条改悪」「戦争法」反対のチラシ配布と署名活動をしている年配の人々を見かけた、恐らくは七十歳前後もしくはそれ以上とお見受けする方々である。個々人の思想信条までは立ち入らないが、彼らにとってこの六〇年の世界の趨勢と今日日本が置かれている状況認識とはどういうものなのかと問いたくなる。実直そうな年配のご婦人が、私にも反対の署名を求めた、その姿を見ながら彼女は恐らく六〇年安保時代同様の思考で活動しているだろうと私は考えた。

イデオロギーというものは、我々を思考停止にして、ある意味非常に楽な状態にさせる効力を持っているらしい。「原発」や「基地」、「現行憲法」に限らず対象を「絶対化」すれば、「人間は逆にその対象に支配されてしまう」（山本七平）。このような対象の「絶対化」とは、対立する概念を相対的に比較検討することを拒否するので、議論そのものが成立しないだけでなく、結局は物事の解決の糸口さえ見出せない状態に陥るのが常態となる。例えば今日民主主義という政体が「普遍的価値」であるという認識は所与となっているようだが、それ故に政治が十全に機能するわけではない。多くの「欠陥」を持つこの制度を客観的に分析つまりは「相対化」する対象ではなく「絶対化」すれば、それ自体に自縄自縛され政治は必ず機能不全となる。同様に「現行憲法」を「絶対化」する人々も、「憲法を喜ぶの余りに憲法に酩酊したる」だけで、「法の文字を争ひ、之に由りて無理に勝を制し」ようとしても「無理なるものは無理に帰し、遂に世に見離されて孤立の姿に立至る可きのみ」(福澤諭吉)となろう。

一．目的と手段の倒錯
――「核」廃絶を「絶対化」する國――

対象を「絶対化」すれば問題が解決しないというのは、例えば、病気を治すために「人が死ねば病気はなくなるということと同じで、『病気という問題の解決』とは無関係なのである」(山本七平)。エネルギー問題においても「原発」を無くすだけでは〝原発という(エネルギーや安全保障上の)問題〟を克服したことにはならず、それを無くしたことでさらなる大きなリスクに対処しなければならないかもしれないのに、そのことは全く眼中にないのだ。

つまり、「原発」を無くすことだけが絶対の目的となっているから、エネルギー問題における目的と手段の倒錯が起こるのである。「基地」問題も同様で、米軍とその基地がなくなれば沖縄は「平和」になるというのが反対派の考えなら、米軍とその基地の撤退が國防上如何なる影響を与えるのか、それらが十分に議論、検討されずにただ無くせというだけでは國を更に危うくするだけである。彼らは意に添わないことは「数の横暴」と政府を批判するが、他方で國防を一地方の「民意」で全て決着しようとする無責任とその恣意性には全く無自覚である。

これらのことは「核」の問題について考えれば一番分かりやすいだろう。今でも日本人のほとんどが「核」とか「核武装」と聞いただけで思考停止する、「核」は本来在ってはならない恐ろしいものなので、世界唯一の被爆國自身の「核武装」などありえないという論理になる。だが現実的には、半世紀以上も前の技術である核を保有することはさらに易化している、今後北朝鮮だけでなく他の國もしくはＩＳＩＳのような疑似國家が保有することは大いに有得る。

今後も核拡散は更に拡大することはあっても、止まることはないだろう。かかる状況のなかで、何故我が國の「核武装」が有得ないのか、そこは全く合理的に説明されていない。有得ないものは有得ないというだけの独断的かつ情緒的なメンタリティだけしか、そこにはない。

現実にロシア、支那等核保有國しかも決して友好的でない國々に囲まれている我が國自身が、「核武装」という選択肢を最初から外す必然性や合理性は誰も説明出来ないということだ。寧ろ、この問題について我が國の立場から「相対化」して考慮すれば諸外國へはこういう云い方も可能である。

「貴國ら被爆した経験もない國が、唯一想像を絶する惨禍を被った我が國に対して核武装という選択肢を奪う権利も資格もない。被爆経験のある唯一の國だからこそ我が國は二度と核の惨禍を國民に与えない為、核保有國すべてがそれを放棄するまで道義的に核武装する権利のある唯一の國である」と。これに対して真っ向から異議を唱えられる國があるのか、ある意味堂々たる正論なのである。

当然ながら我が國の「核武装」についての是非は、コストやその運用を含め國際政治環境の中で議論されるべきものであり、米國や豪州、印度等同盟國や友好國との関係性においても考慮されねばならない。各國の戦略バランスを崩し地域に不要な緊張を高め、特に支那、ロシアに対しては更なる軍拡の口実を与えるということもあろう。

だが、これらは付帯的な問題であり本質ではない、「核武装」の是非は我が國の主体性、つまり主権に関わる問題である。我が國が例外的に膨大な量のプルトニウムを保有し、核兵器へ転用する技術もあることは世界の周知である、勿論その純度や組成が異なるので直ちにそれは出来ないが、國防上大きな抑止力となっていることは事実だろう。要は、その抑止力を高める為に如何なる合理的かつ現実的な方法論があるかという議論である。

二．リアリストとアイデアリスト
――ドゴール元仏大統領とオバマ前米大統領――

米國というのは現在唯一の同盟國、かつ世界最強國でもあるが、未来永劫そうであるはずはない。であるなら、その他國の差し伸べた〝核の傘〟の下に我が國が何時までもいられるというわけでもないだろう。又、それが現在を含めて本当にどこまで機能しているのかも十分検討されねばならない。

かつてドゴール元仏大統領は米ソの如く大量の戦略核はなくとも極く少量の核で「弱者の強者に対する抑止」は可能と考え、「他國が核兵器を保有しているのに、それを保有していなければたとえ大國であっても自國の運命すら決められない」状況を回避した。一國の指導者として極めて全うな思考である。リアリストのドゴールにとって仏が独歩で米ソと対等に並ぶためには、どういう合理的で現実的な選択肢があるかということであり、その結論が少数の戦術核保有であった。

現実に「核」を保有する國があり、彼等がそれを放棄しない限り「核なき世界」とは幻想でしかない、そしてそれを彼等が放棄することなど有得ないのは子供にでも分かることである。有得ない理想である世界の「核」廃絶を本気で主張している國、特にそれが核保有國であれば、まず自身がその放棄を実践してから主張すべきであろう。「持てるもの」が自身のものは放棄せずして、「持たざるもの」の保有を禁じるのは土台無理がある。だが、それ以上に我が國のような「持たざるもの」の「核」廃絶主張ほど、國際社会において何の意味も効力もないものはない。

同様に「核」に限らず先端技術というものを考える時、「民生利用(平和利用)」ならいいが、「軍事利用」は認めないという主張が我が國にはある。だが、一個の卓越した技術を保有することは國家の存立維持を確保するという意味では同じで、変わりがない。この主張も國際社会では「非常識」である。このように、対立概念を「相対化」して政策を実行しているはずの政治においても、「核」廃絶という「絶対化」された〝看板〟は、今も〝建前〟として下ろせていないし、「軍事利用」が「悪」という固定観念も払拭されていない。これはリベラルに限らず、保守も同様である。

究極の理想だけを声高に叫ぶことは、現実の政治においては寧ろ状況を悪化させるだけである。二〇一六年夏にオバマ前米大統領が広島を訪れ、我が國も歓迎した。だが、それは結果的に任期が終わろうとしている前大統領の個人的なパフォーマンスでしかなかった。オバマ氏は世界の核廃絶を誓ったが、実際に米國自身がその戦力を無くすことなど有得ないし、それは単に彼の個人的な「夢」に過ぎないのは自明であった。そのようなアイデアリストたるオバマ氏の〝夢物語〟に我が國がつきあっている間にも、南支那海は「平和利用」という名目の軍事施設が人民解放軍によってあっという間に作られ、今日の支那による「実行支配」

を創出している。

現職のトランプ大統領は、オバマ前大統領のように達成不可能な理想を個人の「夢」として「絶対化」することはないし、また他國との実利のない「ディール」もしないだろう。少なくとも核廃絶などという子供じみた目標を語ることはない、その分だけ彼はリアリストであるということだ。

三．「絶対的平和主義者」とは
――ナイーヴなオプティミズムの支配――

結局「反原発」や「反基地」または「反核」も、「平和主義」及びそれを担保する「現行憲法」、つまりは彼等が云うところの「平和憲法」というものから派生しているようだ。「平和主義」を「絶対的価値」とする人間にとつては、これを否定することは日本人であることを否定するのと同じ意味を持つ。だから彼等の「平和主義」においては、「原発」は「悪」として在ってはならないものであり、同様に米軍やその基地も在ってはならないものとなる。そして「善」たる「平和憲法」は、日本人にとって死守すべきものとなる。

このように「原発」や「核」は勿論、米軍やその基地、自衛隊等は、全て自動的に「悪」として規定されるので、極めて明快な善悪二元論となる。本来「原発」にしても「核」にしても、その使い方や管理よって「善」にも「悪」にもなりうるだけなのだが、対象を「絶対化」している彼等には、「悪」としか映らないのである。

また「平和」と云うのなら、もつと積極的にそれを創出するために、何を為すべきかを考慮してしかるべきだろう。だが、「悪」である米軍とその基地を無くすという消去法的思考しかそこにはないので、さらなる「平和」創出のために米國及び米軍との連携強化や基地拡充という選択肢は考慮されることはない。そもそも「平和主義」という概念自体が決定的に違うところで、更にそれを「絶対化」しているため、「平和」の為に自衛隊と米軍との「連携強化」という「相対化」された選択肢は全て捨象されるのである。

再言するが、彼等にとつて「絶対化」された「平和主義」を担保するのは、「現行憲法」と、その核心たる「九条」の存在である。そして、これがあれば「平和」は揺るぎないものとなる。だが、自身の信奉するものに対する「絶対化」ということが、他者の思想や自由で活発な議論を奪い、何事に対しても「善」と「悪」という単純な二分法を強制していることを彼等は知らない。

しかも「絶対化」する人間は自身が常に「正義」の立場にいるという感覚(euphoria)に支配されているので、自身の選択は絶対的な「善」としてしか認識されないのである。端的に云えば、彼等にはニヒリズムもしくはニヒリズム的感覚が欠如している。そして、その代わりにあるのが、ナイーヴなオプティミズムなのである。

かつて社会党委員長土井たか子氏が「駄目なものは駄目」という言葉をよく口にしていたが、それは単にリゴリズムというだけではなく、氏自身の価値観を「絶対化」している故であった。氏にとって戦力不保持と戦争放棄の条項がある「平和憲法」が、米國製であろうがなかろうが、又それで國防が全う出来るかどうかは関係なく、かかる条項が明文化されていることに自体に価値を見出していた。

つまり、それがある限り我が國は戦争出来ないので、それ故平和も保たれるという「一國平和論」である。だが、その実態は日米安保体制のなか、冷戦中は自衛隊が米軍の対ソ抑止の橋頭保の役割の果たし、冷戦後は米軍の補完的能力を向上することで自國の安全も担保されていただけなのだ。

土井氏は本当に我が國が戦争しなければ、世界平和は確保できるものであり、憲法前文通り、「平和を愛する諸国民の公正と信義」を信じていたようだ。寧ろ「九条」を敷衍することこそ我が國の使命であり、その実践の一つが、独裁者サダム・フセインに対する戦争中止の諫言であった。この喜劇的かつ悲劇的パフォーマンスが、世界の冷笑を浴びたことは周知である。

土井氏の行動の源泉たる「現行憲法」とは、米國のリベラル（共産主義者を含む）による嘗ての敵國（日本）が二度と立ち上がれないよう、國家主権まで否定するような〝代物〟であったが、それを何十年経っても多くの日本人自身がそれを鵜呑みにしたままでいるというのは、

「思考停止」以外の何物でない。憲法のイデオロギー化である。
肝心の政権を担う保守政治家も、國防費を抑える口実（対米國）としての「現行憲法」を利用したことで、土井氏のようなリベラルと保守両陣営が別々の理由で利害一致したことが、今日の「九条」の聖域化さらにはイデオロギー化させた原因の一つであると思う。

四．「畏れ」知らぬ為政者
――「絶対化」強要の悪夢――

〝悪夢〟のような民主党政権時代、官房長官であった仙谷由人氏は、自衛隊を「暴力装置」と呼んで物議を醸したことがあった。だがマルクス主義においては軍隊だけでなく、警察はじめ官僚組織、さらには國家そのものが「暴力装置」ということになっており、彼がマルキストであれば何の不思議もない。彼にとっては、そもそも「國家」というものが支配・抑圧の機関、つまり「悪」であり、倒されるべきものであるという認識なのである。だが、当時氏自身にとって本来否定されるべき國家の「暴力装置」を使う側にいたにも関わらず、思わず〝本音〟が出たのである。
民主党とは言い条、実態は共産党のイデオロギーをそのまま流用していたということである。「立憲民主党」、「希望の党」等離合集散を繰り返し、現在は「民進党」から「国民民主党」

と〝看板〟を変えている。だが、この懲りないグループの本質は、決して変わっていないと思う。國民の支持が一向に増えないのは、政権時代の為体に國民が懲りているだけでなく、何より彼等が鼻持ちならないエリート意識と自己顕示欲だけが目立つナルシスト、要は〝ええかっこしい〟の政治素人としか見られていないからだろう。これが、自称リベラルの本性である。

今もそうなのだが、彼等には反省とか謙虚という姿勢の欠如以上に、政治家として「畏れ」ということを知らないようにみえる。有体に云えば、全くの増上慢の集団なのである。仮に、彼等のような人間がまた権力を掌握すればどうなるのか。その増上慢故に、自己の「絶対化」ということが始まるだろう。最高権力者が自身の存在を「絶対化」、そしてそれを強要すれば、あらゆる批判を許さず自身が一個のイデオロギーと化する。云わば「神」にも等しい存在となる。スターリンや毛沢東など独裁者は須らくこれで、習近平や金正恩もそれを目指している。

神への畏敬のない人間に、信仰は不要であるが、偶像化、神格化された権力者を戴く國では、國民は彼を「神」として崇めねば生きていけない。人格化された神ならぬ、神格化された人間への崇拝を強要することほど、非人間的な行為はないだろう。國家の私物化であり、醜悪な〝王國〟の出現である。

彼等は自身が「絶対神」であるために周りに自分を否定もしくは否定しそうな人間を常に

見つけ出し、容赦なく粛清する。権力者が自己への「絶対化」を強要する世界では、権力者は無謬であり、行為の総ては「善」でしかない、その帰結としてその國民は「幸福」となるはずであった。だが、これが「幸福」どころか、ソ連、支那そして北朝鮮の例のように数千万単位の人間が犠牲となる悪魔の所業でしかなかった。

元来、政治において絶対的「善」などということは有り得ない。まして為政者自身が常に「善」であるという感覚で、それを実行しているとしたら、結果は必ず眞逆となる。寧ろ政治において重要なのは、為政者自身の考えている「善」が、別の視点からすればそれは「悪」の裏返しに過ぎないものかもしれないという「畏れ」を、為政者自身が感じているかどうかである。

別の言葉で云えば、一個の不完全な人間であるという自覚であり、もしかすると正しい選択ではないかもしれないが、少なくとも大きな間違いではないであろうという謙虚な意識である。「善」「悪」表裏一体の均衡点のなかで、少しだけ為政者自身が「善」と考える方へ傾ける選択を國民に提示するのが、政治なのである。又、それが「畏れ」を知る為政者の、リアリズムでもあると思う。

五．「偉大な敗北」を超える時

「畏れ」を知る者は、歴史に「偉大な敗北」（保田與重郎）があることも知る。「偉大な敗北」

とは、理想が現実に破れることであり、正論が俗論に破れることでもある。西郷隆盛が、今も多くの日本人に敬愛される理由は、その人物像や維新の矛盾を一身に背負った末の自刃からだけではない。西南戦争が政府による「逆徒征討」ではなく、その矛盾を総括する「負の役割」を担った薩軍の「偉大な敗北」と理解され、維新最大の功労者西郷がかかる歴史的役割を果たさねばならぬことが天命だった哀惜からである。そして何より西郷自身が、「惻隠の情」溢れる「畏れ」を知る武士であったからだ。

今勝者の位置にあるものでも、必ずいつか亡びる。「畏れ」を知る勝者は、常に敗者にも眼差しを向け、驕ることはなかった。本来、悠久の歴史の中では勝者も敗者もない、勝利も所詮、敗北のプロローグであり、最後は皆、「無」となる。仏教で云う無常、あるいは諦観ということかもしれない。だが、それは無為でよいということではなく、寧ろ虚無と戦いそれを乗り越えることに価値があるのである。

だから義の為に立たねばならないことがある、それが西郷等にとっての西南戦争であり、全日本人にとっての大東亜戦争であった。この戦争は我が國の自存自衛の為だけでなく、支那の安定、白人よりのアジア解放を謳った大義の戦であり、我々日本人に課せられた天命でもあった。米國との武力戦において敗北を喫したからと云って、その意義までを否定することはオポチュニズムに堕する。「人間には、最初から『無謀』とわかっていても、やはりやらねばならぬことがある」況や「戦いは避けられたという態の議論にいたっては、人事は万事人間の力で左右できるという、当今流行の思い上がりの所産」（江藤淳）でしかない。

我が國の膨大な犠牲によって、有色人種は解放され世界は激変した。今は只管不戦の誓いや反省ばかりしているが、大東亜戦争の本当の意味や意義、そしてその衝撃の大きさが真に理解されるには更なる膨大な時間が必要となるだろう、それほど歴史に与えた影響は巨大で、アジアだけでなく全世界史的なものであったからだ。不幸なことに、これを一番理解していないのが、日本人自身なのである。少なくとも、大東亜戦争のような大戦争は、「東京裁判」が一方的に断罪したような「侵略」という目的だけで、あれだけの長い期間続けられるはずがない。

大東亜戦争は、斯様に「人事」を超えた戦いであった。この戦争に於いて我が國は巨大な「負の役割」を担う立場にあり、その必然的帰結として全てを失う宿命を甘受した。だが、その「歴史的使命」を見事に果たしたということが、この戦争を「偉大な敗北」と規定しうる所以であろう。我が國のリベラルは、歴史には「人事」を超えた抗えない不可抗力とそれぞれの運命があり、事後にその善悪や可否を論じることの無意味を知らない。歴史から学ぶことは重要だが、日本人たる我々がすべきことは、父祖の世代の命懸けの苦闘と苦衷を理解し、それに寄り添うことである。何よりも自主独立の気概を以て、維新以来日清、日露、大東亜戦争を戦い抜いた、その精神と矜持を忘れてはならない。

自國は自身で守る、至極当然のことである。だが、戦後の我が國は國防の根幹を米國に依存、有事には日本防衛を担保させながら、自身は〝安全地帯〟にいて、米國及び米軍を批判している。そして二言目には米國の軍事力行使に関して外交努力が足りない、話し合いが必要と主張する。保守派も自主防衛力強化とは言い条、決まり文句は「米軍との緊密な連携」である、つまり米軍抜きでは何も出来ない國防体制が前提なのである。

また自國の「核武装」の可否についても合理的な説明がないまま、「絶対的」拒否である。既に論理的に破綻している「非核三原則」だけを声高に叫ぶだけで、機能するかどうかも分からない米國の〝核の傘〟の存在を所与としている矛盾とそのリスクも理解していない。結局、保守・リベラル両派いずれにしても自前で完結する國防力を持つという発想は皆無で、基本が他國頼みなのである。結果的に「相対化」を拒絶するのは、リベラルだけでなく保守にも共通しているのだ。そろそろ大東亜戦争の「偉大な敗北」を超えなければ、我々に未来はない。

おわりに

今日の南支那海、東支那海等での支那の無法ぶり、韓國やロシアの我が領土不法占拠、さらには北朝鮮の核の脅威等ここまで國防環境が悪化しているにも拘わらず、リベラルだけでなく保守陣営の政治家も「平和憲法」と「専守防衛」を盾に「攻撃的兵器」とか「防御的兵器」とかいう、馬鹿げた区分を未だにしている。要は自國の國防を全うするために、必要なものを必要なだけ揃えるということに尽きる。何より自衛隊が〝盾〟で、米軍が〝矛〟の役割という区分ほど、「専守防衛」を象徴するナンセンスなものはないと思う。

また一部に「攻撃的兵器」の所有が他國を無用に刺戟し、脅威をさらに高めるという声があるが、そう認識させるからこそ我が國の抑止力が高まるのであり、他國にかかる認識も与えない装備など何の意味もない。第一他國の「攻撃的兵器」には口を挟まないで、自國のそれには文句をつけるという倒錯した我が國の政治家や國民の発想こそ、「専守防衛」に由来する馬鹿馬鹿しいナイーヴさ、そのものである。

拉致問題にしても北朝鮮と直接交渉出来るのは米國もしくは支那しかなく、我が國単独では何も出来ていない。つまるところ、強力な軍事力とそれを担保にした外交力以外、それを払拭するものはないのだ。相手が畏怖する軍事力が存在しないところ、譬えこちらにいくら「道義」があっても外交は無力である。はっきり云えば、米軍ありきの自衛隊という「軍隊」では、自立した外交も出来ないということだ。為政者にその自覚がなければ、何れかの大國の庇護を受けることも、何ら屈辱と感じないのだろう。概して、このような為政者は「畏れ」とリアリズムに裏打ちされたニヒリズムが欠如している。

彼らは「政府を視ること讐敵の如くし（中略）一として（政府の施策に：引用者）取る可きものなし、此れも失策、其れも非挙なりとて、一より百に至るまで、唯だ他の弱点のみを摘発して攻撃を試みんとする其趣は、國の為に政治の得失を明にするよりも、政府の人に対して恨みを報ぜんとする者（の如し）」であり、「國家議政の君子にして自尊自重の資に乏しきものと云ふ」他ない。今のことではない、福澤諭吉が『國會の前途』（明治二十五年）で述べていることなのだが、百三十年近い歳月を経ても我が國の政治は変わっていないのである。

第十章　「文伐」と「国益の啓蒙化」の狭間で ——日本外交に戦略はあるか

（初出：『國の防人　第九号』『國の防人　第十号』）

はじめに

今に始まったことではないが、その大言壮語と夜郎自大な傍若無人ぶりを見るにつけ、中國とはつくづく厄介な國と思わざるを得ない。だが、この隣國は今やGDP世界第二位を誇る経済大國であり、米國に次ぐ軍事費を投入し、米國と対峙すべく「大中華帝國」の再建を目指している。世界四大文明発祥の一つ、紙の発明や四書五経はじめ世界に通用する知識の宝庫でもあることも又事実であろう。『論語』と並ぶ不朽の古典『孫子』は現代まで読み継がれているが、それと並ぶ兵法書に『六韜』がある。

『六韜』は戦術書というより現代流に云えば、コミュニケーションもしくはネゴシエーション・ノウハウが詰まった人間洞察の書といっていい、紀元前十二世紀殷の紂王を破って周を建國した武王と文王が問い、それに答えるという形で書かれている。一説には太公望呂尚が著したといわれるこの書の中で、「文伐」という章がある。「文伐」とは、武力を行使しないで敵を討つという意味で、その方法が十二挙げられている。

そこには、現代にも通じる中國の対外交渉術と支那人の本質が述べられている。そして、この古典の描く世界が、数千年を経て米國が中國共産党との國交正常化交渉において、再現されたのである。そこで全く異質の思考パターンや交渉方法に米國が困惑しながらも、その対処方法を模索していた。それを記した公文書が公開されているが、それを読むと数千年の時を経ても、支那人の思考パターンや交渉術は「不易」と強く感じさせるものがある。
そして、その当惑は我が國も同様、いやそれ以上であった。近現代史における我が國の問題はほとんど中國である、中國との二國間、もしくは欧米列強入り乱れてのそれであり、かつ米國とは比較にならぬ程顕著かつ死活的問題であった。日清戦争以後、日露戦争、日独戦争（第一次大戦）、ワシントン会議、山東出兵、満洲事変、支那事変とすべて中國がその中心課題であった。そして、現在中國では國を挙げての「反日」姿勢を明確にしており、「靖國」「南京」等「歴史認識」、「尖閣列島」等東支那海での領海侵犯、「日中境界線」での油田開発等問題は枚挙に暇がない。

だが、この「反日」姿勢も歴史的に一貫していたわけではない。一九六〇年代後半、中國は対米関係よりより対ソ関係のほうがより「矛盾」が多いという認識であった。その解決の為に日米への接近を模索したわけだ。端的に云えば中國の目的は、孤立を避ける為に日米を誘い込み、日米中による対ソ封じ込め（反「覇権」戦略）であった。中國は日米安保を対ソ抑止力として評価し、日本の國防予算がＧＮＰ一％（当時）では低すぎるとまで云っていた。その後は周知のように事ある毎、我が國の防衛努力を「軍國主義復活の懸念」として内政干渉している。そして現在、習近平提唱の「一帯一路」が文字通り隘路になり、米國との貿易摩擦が激化するなかで孤立し、またぞろ我が國に秋波を送っている。

このように、ご都合主義的に変幻自在する國であり、かつ一貫して〝厄介な存在（nuisance）〟であり続ける國、それが中國である。彼らは常に「日中友好」を口にするが、それは中國側の「歴史認識」や「主張」を受け入れてのそれである。過去、我が國が幾らその為に「謝罪」「反省」をしても、それが外交カードとなりうる限り中國の攻勢は止むことはなかった。

小論の目的は、中國と複雑多岐にわたる歴史的関係を有する我が國が、彼ら独特の古典的交渉術「文伐」に巧みに嵌められ、如何に翻弄され続けたかを具体的に言及することである。この経験は米國も同様であった、だが國益の為には平然と掌を返すのは何も中國だけでなく「同盟國」も変わらない、米中國交交渉でも我が國は米中共通の利害の狭間で〝スケープゴート〟とされていたのである。

誠実さだけを売り物にする日本外交は、米中という〝狐と狸〟の化かし合いのなかで、そのナイーヴさを露呈していたのだ。日本外交の最大の弱点は、交渉の当事國しか見えていないことである、第三國の立場で、それがどう捉えられているかという視点の欠落である。つまり、米國から見た日中交渉とは、中國から見た日米交渉とは、またはソ連（当時）からみた日中交渉という視点である。多國間の利害が複雑に錯綜する國際政治状況のなかでの複眼的視座が外交に不可欠なのは贅言を要しない。

それを単なる「道義」や「倫理」だけの〝善意〟で乗り切れるわけがない。外交は〝弾の飛ばない戦争〟であり、〝魑魅魍魎〟が蠢く相互の「國益」のぶつかり合いである。まして『孫子』『六韜』、そして『韓非子』を生んだ〝性悪説〟の國や「民主主義」敷衍を「マニフェスト（manifest）・

デスティニー（destiny）」とするプラグマティックなリアリストが支配する國との戦いである。米國でさえ中國に対する積年の〝善意〟は、朝鮮戦争という形で対峙し最悪の結果を齎せてしまった。外交においても「道義は相対的であり、普遍的なものではない。倫理は政治とのかかわりで意味が明らかにされるものであり、政治の外に倫理規範をもとめようとするのでは挫折感を味わうのがおち」（E・H・カー）なのである。

一．「面従腹背」と「古い友人」という敵の中の味方づくり

では、「文伐」とは何か、具体的にみていくことにしよう。

「敵國が望むままに、その意志に順応して争わない。そうすれば相手はかならず驕慢を生じ、きっと國内に不祥事が起こる」（その一）

これは現在の中國の対応からすれば意外と思うかもしれない。だが、これは強いものに対してはただ力をもって対抗するのでなく、他の力を利用してその場は柔順を装いながらも面従腹背すれば必ず相手に綻びが生じ、自壊するというものである。

例えば、清國（中國）にとって負け戦であった日清戦争において、講和条件として〝化外の地〟

であった台湾は別として、遼東半島の割譲は、その後かならず欧州列強の介入があると想定しての譲歩と考えれば、これが当てはまる。果たして、下関会議以後、露独仏による露骨な干渉が行われ、我が國は遼東半島を還付せざるをえず、國内の憤懣は燃え上がり、〝焼討ち事件〟まで引き起こした。

また、ロシアとの満洲に関する露清条約も、一見清國の主権を尊重しているようにも見えるが、それをロシアが遵守しないことは清國も予期していた。日露の激突は時間の問題であり、それを見込んでの「暫定協定(modus vivendi)」であった。周知のように、その後もロシアは満州から兵力を撤退するどころか増強し、朝鮮半島まで兵力配備するに至り、我が國はロシアと戦端を開かざるをえなくなった。日露戦争は、ある意味ロシアに対する「清國の非力と怠慢」(角田順)の代償を我が國ひとりが膨大な犠牲で勝ち取った清國のための「代理戦争」であった。だが露清条約に秘密条項が存在したことがワシントン会議で暴露され、日露戦争中清國は事実上ロシアの「同盟國」であったというのが事実である。

清國は我が國がロシアと戦うことで、両者傷つけば一番よく、かつどちらに転んでも自國が損することなく対応していたのである。満洲は日露開戦前、既に清國の不可分の一部ではない(米國)という判断もされていたが、我が國の勝利で無傷で清國へ回収された。加えて云えば、「その意思に順応して争わない」李鴻章はじめ清朝高官等はロシアから多額の賄賂(百七十万ルーブル、現在の貨幣価値で約二兆円)を受けていた。これこそ、彼らの云う漢奸(売國奴）に他ならない。

「国王の寵臣に近づいて親しみ、寵臣の権力を国王と二分させ、一人の臣下が敵と味方とおのおのに心をよせるようになれば、その国はきっと衰える」（その二）

「相手国の内臣を買収懐柔し、在外官吏との間を離間させる。才智ある官吏が外にあって我が国を助け、相手国に内輪もめが起こったら、どんな国だって滅亡しないということはない」（その六）

現代に至るまで中國の外交戦略の基本は、敵國に〝友人〟をつくることから始まる、そしてその〝友人〟たちは、やがて「老朋輩（古い友人）」と呼ばれるようになり、自國よりも中國の利益を代弁するエージェントとして動くようになるのである。

この「相手国の内臣」を、故宮沢喜一元首相、河野洋平元官房長官、福田康夫元首相、鳩山由紀夫元首相等に置き換えればわかりやすい。なかでも鳩山氏は突出した〝貢献〟をしている。「才智ある官吏」は、外務省のいわゆるチャイナスクールの面々であろう。かつて江沢民（主席）が我が國を名指して、「日本なんて数十年のうちに滅びる」と豪語したのは、あながち暴言と片づけられるものではなく、かかる歴史的知恵から来ているとも云える。

「相手の国の臣への贈り物は重宝を用い、これをきっかけに、なにやかやと相談する。その相談は相手国の利益となる内容とするので、自国の利益になるので相手はかならず当方を信用するようになる。これを〈重親〉（親しみを重ねる）という。重親が重なるに従って、相手国の臣はかならずこちらに好都合になるように動くようになる。国を支える臣でありながら外国に心を傾けるようになり、その国は必ず亡びるようになる」（その八）

〝敵の中の友人づくり〟は、交渉担当者のライバルと競わせて、圧力をかけることが多いとCIAは分析している。その例として、鄧小平（副首相：以下当時の役職）が一九七四年十一月、米中交渉担当者であるキッシンジャー（國務長官）ではなく、シュレジンジャー（國防長官）を中國へ招待したことがある。この時黃鎮（駐米連絡事務所長）は、シュレジンジャーの訪中を〝あなた（キッシンジャー）はもう九回も中國を訪問しているのだから、（シュレジンジャーの訪中を）ねたまないで下さい〟と露骨にキッシンジャーに云っている。要は、〝あなたには十分「重親」をしたので遠慮しろ〟ということである。カーター政権時には、バンス（國務長官）のライバルとされた、ブレジンスキー（大統領特別補佐官）に、対ソ強硬策を取り、対中正常化交渉を加速させるよう圧力をかけていた。

同様に、第三國を持ち出して揺さぶりをかけるのも常套である。一九八四年四月にレーガン大統領が訪中したときも、ソ連のアルキポフ第一副首相がすぐにも訪中する予定であることをわざと知らせた。これは中ソ対立から米國を抑止力として中國が必要としていることを自らの〝弱み〟として見せないように、米中関係が改善しなければ、中國は他にも選択肢があることの示唆である。さらに、米中関係を日中関係と比較して、日中のそれは二十一世紀まで円滑に保たれると、レーガンと趙紫陽首相、李先念主席、胡耀邦総書記との会談で力説していた。

云うまでもないが、その後の日中関係は中國の一方的な「反日」教育と我が國の垂れ流し的ODA供与である、加えてそれまで一言も云わなかった首相や閣僚の靖國参拝等も外交カードとなりうると察知するや「反日」攻勢が止むことはなかった

二、人間の本能的欲求から攻める

中國は交渉の場所を、必ず自國で行う。次は交代で相手國という発想がない。交渉を自國で行うというのは、あらゆるスケジュールを管理でき、中國のペースで交渉が出来るということである。交渉相手にはまず紹興酒と北京ダックはじめ豪華な中華料理で接待し、満腹にして相手の思考能力を奪うとCIAも報告している。人間の本能、食欲から攻めるのである。そうなれば、当然次は十分な睡眠や休養が必要なのだが、それを邪魔するように、不意の交渉を早朝や深夜に持ちかける。前夜の深酒にも拘わらず早朝の会議では、相手の思考能力は

当然ながら落ちるので、有利になるというわけである。
キッシンジャーは、中國側が交渉のスケジュールを米國側に予測させず、如何にその不意の設定を利用するかを例示している。一九七一年の上海コミュニケの草案作りに際して、「われわれを夕食の蒸し焼きアヒルで腹一杯にさせたあと、周恩来は自分の作った草案を突きつけてきた」、「対案づくりは、肉体的な耐久力との競争になった。まず、私が三時間眠っている間にウィンストン・ロード（当時NSCスタッフ、後の中國大使）がコミュニケを練り直した」と述べている。

その次は、云わずとしれた性欲である。

「君主の淫乱な楽しみを助長させ、その情欲をつのらせ、宝石珠玉を贈り、美人を献じて心を女に傾けさせ、言葉を丁重にして逆らわず、言いなりになって調子を合わせておけば、彼は争うまでもなくみずから滅亡への凶運をまねくことになる」（その四）

「相手の国の悪臣を手なづけ、これに謀反心を起こさせ、美人や淫らな音曲を進め献じて主君の心を惑わせる」（その十二）

嘗て、あろうことか國家の名誉と誇りである英霊の遺族会会長でもあった元総理が、中國の女スパイと〝不適切な関係〟であったと云われていたが、三千年以上たっても人間の本質が変わるものでもなく、この古典的方法で籠絡された人は多い。現在でも中國だけでなく、ロシアも女性スパイ養成に余念がなく、米國もこの手でやられている。

半ばジョークだが、一九七三年二月二十七日の北京での毛沢東とキッシンジャーとの会話でも、期せずして女性の〝効用〟が毛の口から出ている。

毛　「ご存じのように、中国はとても貧しい国だ。モノが充分ありません。余っているのは女性くらいだ」
「もしご所望なら、少しばかりお分けしましょうか、数万人ほど」
「彼女らを貴国へ行かせましょう。とんでもないことになりますよ。そうしてくだされば、こちらの苦労が軽くなるというものです」
（中略）
「中国女性を差し上げましょうか？　1、000万人でも結構ですよ」

キッシンジャー「先ほどより人数が増えましたね」

毛　「そうすれば、貴国を大混乱に陥れ、困らせることができるでしょう。我が国にはあまりに多くの女性がおり、彼女らは色々なことをしでかすのです。子供がどんどん生まれて。もう多すぎるのです」

これは当時、妻である江青に手を焼いている毛のぼやきでもあるが、女性をモノ扱いする極端な女性軽視や蔑視は本音であり、女性の活用方法は相手國に送り込み籠絡させることだという古典的手法を信じているようだ。毛の侍医だった李志綏によれば死ぬまで、若い女性に性的サービスをさせていたというが、毛にとっては「皇帝」として当然すぎるくらい当然の権利と考えていたのであろう。女性のほうも「皇帝」どころか「神」にも等しい人と一夜を伴に出来るのは〝栄誉〟であり〝至福〟でもあったろう。女性の人権や立場など、微塵も考慮されてはいなかったのは云うまでもない。

三．「二分論」による分断工作で攪乱

「相手の国の忠臣を厚遇し、その君主への贈り物は少なくし、使者が来たなら、なるべく長く留めて帰さず、わざとその伝えるところを聞き入れないようにする。そして、代わりの使者を派遣させるようにし、その新しい使者に対しては誠意をもって接し、親しく信頼すれば、相手の国の君主は、前使者を疑い、新使者を信任するであろう。その結果、前使者は不満を持ち、結束は崩れる。この策略を抜かりなく実行することで相手をおとしいれることができる」（その五）

中國は常に交渉相手に〝あなたは古い友人なので信じているが、あなたの國の対応は間違っている〟と、〝良心的で見込みのある〟交渉相手には自國のエージェントに仕立てるための個人攻勢をかける。その具体的対応は、まずは中國へ招待し、あとはＶＩＰ待遇の接待である。

「密かに国王の近臣に賄賂を贈り、その近臣の情を買収しておけば、身は敵中にありながら情は当方に寄せている」（その三）

二〇〇九年十二月に小沢一郎氏が百四十三名の議員を引き連れた所謂「小沢訪中団」というものがあった。そこで我々が見たのは全員が胡錦濤（主席）に叩頭拝跪する姿で、これだけでも小沢氏の評価は決定的である。まさに〝宗主國〟に対する〝朝貢〟であった。

これと同じ論理でよく言われるのが、「日本軍國主義」は憎むが、「日本人民」は恨んでいない、というレトリックである。これも、戦術としての世論分断工作であるが、そもそも「日本軍國主義」という実態のないものを比較対象としていること自体が矛盾である。だがそれを〝古い友人〟たちに吹き込むことで、〝日本國民も日本軍國主義の被害者〟という詭弁を弄し、中國に都合のよい政策や捏造した歴史観を日本は受け入れるべきと彼等に代弁させているのである。

米國に対しても同様であった。大東亜戦争終戦間際、毛沢東は米國の「援蒋反共」政策には反対するとしながらも「米国は中国と完全に提携できる唯一の国」と持ち上げ、「米国人民と米国政府は別である」というご都合主義的区分で、世論分断を画策していた。彼らはこれを「二分論」と呼んでいる。

そしてこの「二分論」と同時に交渉では、ヤクザまがいの〝脅し役〟と〝なだめ役〟を交互に使い分け、エージェントと化した交渉相手を介して本國に妥協をせまらせると、CIAは分析している。米中間の國交正常化交渉での米國の台湾への武器売却問題では、黄華（外相）が〝脅し役〟、鄧小平（副総理）が〝なだめ役〟を演じ、なんとあのキッシンジャーに対しても成果があったようだ。演じるという意味は、途中で黄と鄧の役割分担が変更したりして、明らかに個人の性格でなく、与えられた役割をこなしていたからだ。その結果、あの老獪なキッシンジャーでさえ〝脅し役〟から〝なだめ役〟に代わった黄華を「賢明で合理的な私の新しい友人」と評する始末であった。

黄文雄氏によれば、「中国自体がヤクザで、ヤクザの国」なので、「力の強い者が政権を取る。すべては力なのです。だから、対外・対日政策もヤクザそっくりになる」という。はっきり云おう。我々日本國民は、中國が云う「日本軍國主義」の〝被害者〟などではない。アジアで唯一普通選挙まで実施し、二大政党による政権交代もあった戦前の我が國の國策が、すべて軍部独断で行われたことなどないし、また毛沢東のような独裁者がいたわけでもない。満洲事変前の対中世論は、各地で頻発していた激化する「排日」、「侮日」行為への反発であり、まず邦人安全確保が急務であった。支那事変がすぐ収束出来なかったのも通州での中國側官憲による言語を絶する邦人虐殺事件(通州事件)への國民の怒りであった。「暴戻支那膺懲」はスローガンではなく、実際に國民のコンセンサスであった。

「日本国民も日本軍國主義の被害者」などというのは、國家と國民を敵対的対立的に捉えるマルクス主義的思考というより、単なるフィクションに過ぎない。「日本軍國主義」とは片腹痛いだけで、現在の中國の必要レベルを遥かに超えた異常な軍拡こそ、軍事的膨張主義と云わずしてなんであろう。それは米國との軍拡競争を演じた冷戦中のソ連を想起せずにいられないが、その末路もまたソ連同様になる可能性も否定出来ない。

四. 史実を曲げるだけでなく、真逆に捏造する

中國共産党に都合のいい歴史の改竄である「反日」教育で、日本を鬼か蛇のように扱う洗脳教育は現在も続いていて、〝反日刷り込み〟された戦争を知らない中國の若年層は等比級数的に拡大している。だが、それは共産党の正当性、無謬性、もしくは指導力を強調すればするほど、日本という「敵」への憎悪をさらに増幅させねばならないというジレンマでもある。だから構造的に「反日」政策は止められないのである。実際に中國には「反日」的な展示施設は百か所以上もあるらしい。同時に、悪かったのは一部の〝日本軍國主義者であり日

本國民も〝被害者〟であるというフィクショナルな分断工作も続くだろう。

これで我が國の政治家や國民は、〝侵略行為や中國國民への被害を与えたにも関わらず支那人は寛大で懐が深い〟と勘違いする。だから、〝これからの日中は仲良くしなければならない〟という〝落とし込み〟である。だが、それは中國の主張する歴史認識をすべて受け入れた後の話というわけである。

近代において支那人に本当の被害を与えたのは、英仏露独等欧米列強と弱体化、腐敗した清朝自身であり、その後群雄割拠した袁世凱はじめ段奇瑞、曹錕、呉佩孚、馮国祥、張作霖等に代表される軍閥と彼らが起こした安直戦争、奉直戦戦争、江浙戦争等内戦である。蒋介石も作戦とはいえ黄河を決壊させ数十万人を犠牲にしている。「文化大革命」に至っては、被害は一億人に及び、数百万人が殺害されたと云われている。

基本的認識として確認しなければならないのは中共政権成立前までは中國という完全な統一國家はなく、列強の利害が錯綜する「分裂國家」、もしくは完全な主権のない「半國家」であったということだ。南京政府を日本「傀儡」と呼ぶなら、重慶政府は英米「傀儡」であり、延安はソ連「傀儡」政権であろう。要は軍閥を含めて、中華民國臨時政府、中華民國維新政府、冀東防共自治政府、冀察政務委員会等すべて何らかの「傀儡」というのが実態であった。

そして現在、事ある毎に「抗日」戦線を勝ち抜いたと誇示している中共だが、八路軍や新四軍はほとんど我が軍と交戦していなかったというのが史実である。毛沢東の戦略も「遊而不撃」であった。比較的規模が大きかったのは中共の云う「百団大戦」（これも大げさな名称だが）でも、我が軍の死傷者数百名程度のものであった。それ以後我が軍は八路軍を攻撃しないという両者間の黙契が成立して、彼らは無傷でいられたのだ。

つまり自ら攻撃しないので、相手からも攻撃もされなかったというだけである。だが、毛沢東は「中国共産党の軍隊は日本軍の九十％を阻止した」と述べ、根拠のない戦勝を誇っていた。中國では「王朝」が変わると、前の「王朝」は全否定され、現「王朝」に都合がいい歴史に書き換えられる。まして戦史の書き換えなど造作もないことで、すべてが共産党の「成果」とされるのは当然である。支那事変で我が軍と國民党軍両軍が共に損耗しているあいだ、自軍の温存を第一に、つまり「遊而不撃」で〝漁夫の利〟を得たのは中共であった。

先述した「文化大革命」も「文化」どころではなく、その本質は毛沢東の権力維持の為の私闘であった、だがそれは今の中國で語られることはない。また体のいい強制労働である「下放」や毛の私兵「紅衛兵」の存在も非難されることはない。現在も毛は、無謬の英雄であり、それを汚すことは共産党への反逆であり決して許されない。そして今、毛でも出来なかった憲法への自身の記載と無期任期を習近平は平然とやり遂げた。捏造や剽窃、偽造は今でも支那人の〝伝統〟であるが、独裁者が支配する國で彼等自身の歴史が正しく「認識」されることもないのだろう。

五．〝被害者〟意識と表裏一体の独善的対応

中國自身はアヘン戦争以来、諸外國から蚕食され続けた〝被害者〟としての認識が強くあり、欧米列強と日本には「特別な負い目がある」（CIA）のだが、その感情は決して外には見せずにいる。むしろ大國たるメンツを異常に気にしている。日中國交正常化交渉のおり、戦後賠償の放棄を内外に知らしめ格好つけた。毛沢東は「日本に賠償金を求めませんでした。あれは民衆にとって重荷になってしまいます。（中略）こういうふうにして初めて二つの国民が敵対関係から和解へと移行することができます」と、その〝大人（たいじん）ぶり〟をキッシンジャーにも誇示していた。だが、実質的に損したわけでもなく、我が國から自主的にODAという名目の〝戦後賠償〟をたっぷり頂いたというわけだ。

この場合、〝先進國日本〟が、〝途上國中國〟を援助するという図式だから、賠償と違い日本國内では誰も反対できないという読みがあった。中國の指導者がほくそ笑む姿が想像される。我が國から三兆六千億円以上のODAを享受しておきながら、同時にアフリカ諸國等にはODA援助國となるのは、只で得たものをそれらの國々に転用することで、自身の外交的得点を稼ぐ戦術である。さらに、我が國の援助で整備された鉄道や道路等は軍事にも利用できるので、その分軍の装備近代化に予算が集中出来たわけだ。我が國は間接的に中國の軍拡に大いに〝貢献〟、まさに〝敵に塩を送る〟どころか〝敵の刃を研ぐ〟金を与えただけであった。

当然ながら、共産党一党独裁下の中國では言論の自由や多様な世論など無い。我が國から巨額のＯＤＡがあったこともほとんど知られていない、周知されれば「反日」にならないからである。共産党に都合の悪いことはすべて不可である。今はインターネットのサイトに、自由に意見等を述べられるようだが、都合が悪くなればそのサイトを削除したり、そこで呼びかけられた集会も実力で阻止できるだろう。逆に当局が國内の「反日」姿勢が足りないとみれば、ブレーキをかけずにいればいいだけである。これは結果的に間接的な扇動となり、自國の世論を恣意的に操作できる環境があるといえよう。

また、我が國首相の靖國参拝を「中国国民やアジアの人々の感情を傷つけている」と中國はことあることに内政干渉する。韓國のように世論がありながら、こと対日問題となると「反日」で一枚岩になる國もあるが、仮に中國に一致した世論があったとしても、それで中國政府がかかる世論を重視して政策決定しているわけではない。

それを単なる外交カードのひとつとして使用しているにすぎないことは、二〇一二年九月に発生した一連の日本大使館や領事館、日系スーパーや日本料理店等への破壊活動があった前後の中國政府の対応を見ても分かる。最初は警官を動員しながらデモ参加者の大使館への狼藉を黙認していたが、その後は大使館へも寄せつけないという厳重な規制を敷いたことでも明白である。

この〝寸止め〟的対応は、日中関係をこれ以上悪くさせることは中國にとっても本意ではなく、それを抑えているのは中國政府の〝対日友好姿勢の証〟という、ずうずうしくも自家撞着したメッセージである。中國は、そもそもの発端が長年の「反日」教育等扇動の挙句の野放図な集会と狼藉の容認が原因であることを忘れてはならない。厳戒態勢を敷いたということは、逆に國内の「反日」的姿勢が収まったわけではなく、それが潜在的に拡大しているという証左であり、仮に民主主義國並に世論を重視すると云うなら、政府と異なる意見や穏健な示威運動は認められてしかるべきだろう。だが、そういうことは実際には有り得ないのだ。

六．リヴァイアサンとビヒモスの間で

我が國は対中外交交渉が始まった場合の最大の問題は日米安保の存在と認識していた。米國の日本頭越しの対中接近は寝耳に水であったが、もっと衝撃的なことがあった。「同盟國」の高官であるはずのキッシンジャーは米中交渉の中で中國の「日本の軍國主義復活」という強い懸念を受けて、それを否定するのではなく逆に米國が日米安保によりその抑止を担っているという〝瓶の蓋〟論を展開していたのだ。「（日本は）アメリカの保障がはずれたら、自分自身の防衛体制を築く方向に向か（う）」い、中國が最も警戒する台湾への日本の再関与もあると警告、ニクソン（大統領）に至っては「日本を抑制することが太平洋の平和にとっ

て利益になる」と、まるで〝敵國〟に対するような言辞を弄していた。まさに中國のための日本抑止を目的とした日米安保論なのである。勿論当時の日本は知らない。

いくら方便とはいえ「日本の軍國主義復活」という「懸念」を米中で共有し、そのために日米安保があるという論理なのである。キッシンジャーは、日米安保の弱体化は日本の軍事的自立に繋がり、日米の離間は中國の利益にならない、むしろ日米安保の強化こそ中國の利益であるという〝理屈〟を強調し、中國を納得させた。彼らしい〝力の均衡〟外交であろうが、そこに「同盟國」日本の擁護、弁明は全くない。ニクソンも「我々の政策は、日本が経済的拡張から軍事的拡張に進むことを可能な限り抑制すること」と同調し、米國は「ジャパンカード」を切った。

逆に云うと米國はともかく中國がそれほど「日本の軍国主義」に拘泥したのは、帝國陸軍という存在の恐るべき精強さの裏返しでもあり、戦後三十年近くを経てまだそれが通用していたのである。これは誇るべきことである。これは我が國にとっても利用できる交渉カードであった。つまり、仮に中國が國交正常化の条件として日米安保反対を表明した場合、それは國内の反中親台勢力と世論に根強くある「自主防衛」や核武装容認論に火をつけるだろう、日本としては米國との安保体制強化を考えているので、安保破棄は中國の利益に反することになると弁明出来る。日米安保強化の言質を取れるチャンスであったのだ。仮に中國が日米安保に言及しなくても、その意義は説明出来たはずである。

実際は、そのようなことは一切なく、我が國の対応といえば、只管過去の「侵略」に対する贖罪意識に満たされていた。田中角栄は支那大陸へ出征した経験があり、そこで病を得て内地へ送還されている。その田中とコンビを組んだ敬虔なクリスチャンの外相大平正芳も戦前興亜院で大陸勤務の経験があった。そこで軍の要請もありアヘン密売に関与せざるを得なかったことを一生悔いていた。勿論、個人的には理解出来る感情である。

だが、國益をかけた外交交渉が、一個人の過去の経験や感傷で左右されていいわけがない。本来的に冷厳たる國家理性というものが、外交交渉において一個人の道徳律や経験に左右されては國益など確保出来ない。例えば清國に大惨禍を与えたアヘン戦争を贖罪した英國人はいるのか。日中交渉時の大平のメンタリティがかかるものであったとすれば、当初より我が國が大きなハンディ・キャップを背負っていたということである。外交交渉においては冷徹で一貫したリアリズムで対応せねばならない、「一貫したリアリズムとは、歴史的過程全体を受けとめ、そのうえでこの過程に対する道徳的判断を除外するのである」（E・H・カー）。

中國は日米安保容認に傾いていたので当然ながら反対は明言されず安心した田中は、満洲事変以来の帝國陸軍の行動を只管謝罪していた。だが、毛は逆に帝國陸軍あっての内戦勝利と〝感謝〟の意を述べ、その上で、かつてのように世界から孤立して、自滅の道を歩むなと説教する始末であった。この物の云いようは、まさに〝主従関係〟である。そしてソ連や欧州、さらには外交交渉中の米國を加えて「四つの敵（もう一つは中國自身）」とする認識を披瀝、何と「日中同盟」を田中に提案したのだ。「孤立」を避ける為に米國より中國を選べということである。その時の田中の緊張と動揺は想像に余りある。外交において毛は田中と同日の論ではない。「孤立」を恐れていたのは、むしろ中國であるのは自明だが、たじろぐ田中を毛は手玉に取る如く、自分のペースに巻込んでしまったのである。それは結果的に「國共合作」で蒋介石を巻込んだ手口と同じであった。

「相手国の君主を虚栄虚名で褒めあげ、いい気持ちにさせ、その威勢の広大を吹聴して、相手に従ったふりをすれば、彼は必ず信用する」（その九）

この例は中國だけでなく米國にも当てはまる。例えば、キッシンジャーは毛沢東に「アメリカ国民には、中国にたいする敵対感情はありません。むしろその逆です。私たちのあいだには、事実上、法的な問題しか存在しません」と親中感情を露骨に表現している。ニクソンも周恩来に「強い中国というのは世界にとって利益になります。（中略）強い中国は、世界の鍵となる部分で力のバランスをとる役を果たせます」と最大限持ち上げ、対ソ抑止としての役割を強化するよう慫慂した。「それからまた私の利己的な理由から、もし中国が第二の超大国になればアメリカは軍備を縮小できます」と米中協調で相互の対ソ軍事費の削減に繋げようと経済的なメリットを強調した。

これは実質的な〝対ソ抑止同盟〟の提案である。周は米國の本気度を疑い、笑って「そうはなりたくない」と云っていたが、米國と対等というのは相当に中國の自尊心を擽ったようだ。ソ連を共通の「敵」と見立てることで米國が中國の〝お株〟を奪う「文伐」を駆使したのだ。米國にとっての〝悪夢〟は、「中ソ一体化」であり、中ソ間の〝適度〟な緊張は、新たな〝力の均衡〟を生み、ベトナム戦争終結を含めて米國に利すると考えていた。

これらが老獪に「文伐」を駆使する毛沢東・周恩来と、國務省すら信用しない冷徹なリアリスト・ニクソン、〝力の均衡〟を重視する古典外交を熟知したキッシンジャーの外交である。只々、唖然とするばかりである。当時日米関係はまだ同盟と呼べるものではなく、日本外交もキッシンジャーが云う「国益の啓蒙化された概念に従う」レベルにも程遠かった。相手のペースに巻き込まれ翻弄されながら、辛うじて体面を保つことに汲々としていたのである。それは交渉相手だけでなく、先を越された「同盟國」に対しても同様であった。

米中交渉と同時期に沖縄返還交渉も進行していたが、我が國は國民感情からしても沖縄の「本土並み」特に「核抜き」という条件に拘泥した。米國は難色を示したが、結果的にそれを米中交渉における「（中国に対する）仲直りのシグナル」（田久保忠衛）として活用した、云わば〝一石二鳥〟を狙ったのである。つまり我が國の要請で撤去したのではなく、もはや撤去しても問題ないものを米國は中國に対する友好の「シグナル」と位置付け、利用したのだ。中國との関係改善が外交のトップ・プライオリティである米國は、その「手段」の一つとして我が國も渇望する「核抜き」を〝結果的に〟実行しただけであった。

これで我が國の体面は保たれ、沖縄復帰記念式典で佐藤栄作（首相）は人目も憚らず感涙に咽んでいた、だが米國の意図は遥か那辺にあった。当時我が國からの繊維製品で大打撃を受けていた米國南部の繊維産業の票を重視していたニクソンは、「核抜き」の「代償」として我が國に自主的な輸出規制をさせることを考えていたのだ。所謂「縄と糸との取引」と云われていたが、これは「取引」などではなく「無価値の商品に対して、買い手側が法外な値段をつけた」（田久保忠衛）というのが実態であった。これが米國人の「同盟國」に対する外交である。いつの時代も我が國はかかるリヴァイアサン（米國）とビヒモス（中國）の間に存在しなければならないのだ。

おわりに

中國は、「文伐」だけでなく熱戦においても、自ら緊張や危機を創出して相手を威嚇するのを常套としていた。「少し緊張状態をつくりだして、西側が我々に緊張状態をつくってはいけないと要求するようにさせることである。西側に緊張情勢を作り出すことを恐れさせることは、我々にとって有利である」（傍点引用者）と毛は語っている。

例えば一九五四年以降の頻繁な金門島、馬祖島攻撃、所謂「台湾海峡危機」である、これも壊滅的な攻撃は決してしないというのがポイントである。しかも、その最中中ソ会談（一九五八年八月）を実施して、米國に意図的に危機感を醸成させたのである。米國は中ソの「一体化」を危惧していたのだが、実際には中ソ会談で台湾問題は一言も触れられていなかったのである。つまり、中ソ会談は単なる〝演出〟であったのだ。

これ以上戦闘が継続するのを危惧していたダレス（國務長官）は、蔣介石に両島を諦め、新たな國境線を引くよう慫慂していたのだが、実際は攻撃する中國側が「本気」ではなく逆に蔣を励まし「放棄」しないよう要請していたのである。当時米台間には「米華相互防衛条約」が存在していたが、中台ともに「中国は一つ」という点では一致しており、中台〝共同〟で米國牽制の〝演出〟が行われたのだ。これが支那人である。事実、中共からの攻撃は奇数日だけで、偶数日はしないという徹底した〝茶番〟であった。

だが、近年この「少し」が少しでなくなり、大胆になっている。当然であろう、今や世界第二の経済大國であり、同時に世界有数の軍事大國なのである。南支那海のスプラトリー諸島等のおける施設は軍事目的ではないといまだに強弁しているが、それらは事実上の軍事基地である。同様に、東支那海における我が領海、領空侵犯も執拗かつ頻繁である。接続水域内航行はほぼ毎日で、領海侵入は年間三十件を超えている。

そういうなか米國との通商摩擦が激化して「米中貿易戦争」と呼ばれる状況を創出してしまった、一歩も引かないトランプに対しては明らかに焦りがみえる。中國が主導した「アジアインフラ投資銀行（ＡＩＩＢ）」や「一帯一路」も、友好國であるはずのパキスタンやスリランカ、マレーシアでも行き詰まり、とうとうあれほど嫌った我が國にすり寄ってきている。米國、というよりトランプが本気で怒り出したからだ。ここへきて、また日米分断工作を図ろうとしているわけだ。

これまで日中間では、我が國が「歴史認識」はじめ「靖國」、「尖閣」、日中境界線での油田開発等で自制すればするほど中國は野放図になり、居丈高に一方的な論理を振り回すという悪循環があった。ＣＩＡも「中国側交渉者は自国の政策は絶対に正しく、米国の政策は欠陥があるという大前提で、いつも説教調の文句をいう」と記している。相手國の非難にはなんのためらいもみせないが、自國の批判はゆるさないという態度である。

共産党に限らず自分に都合の悪いものは隠し、強弁するのが支那人である。しかも、掌を返すように自分らが困るとすり寄ってくる。その時が危ない、それで我々は何度も煮え湯を飲まされているはずだ。既述した米中、日中交渉は単なる過去のことではない、現在も同様なのである。現在のように米國の力が相対的に低下して、中國が米國と対峙するまでに力をつけたことで、米中の狭間で我が國の外交環境もかつてないほど厳しく、かつ複雑になっている。日米中三國は相互の経済的紐帯が強まるほど「トゥキジデスの罠」に嵌っていくのである。

我が國も正論ばかりの単調で陰影のない外交ではなく、國益の為には柔軟に〝二枚舌〟も使い、また〝アンダー・ザ・テーブル〟も駆使する必要がある。これまで我が國は、理不尽な論理、言説に対しては〝大人の対応〟で務めて自制することが多かった。だが、これからは本気で怒らなければならない時には、その断固たる決意を明示しなければならない。相手國への批判を必要以上に抑制してはならない。國際社会においては、〝大人の対応〟だけでは真意は伝わらないことのほうが多い、その程度の〝怒り〟という理解で終わってしまう。同様に國民も声を上げ、行動すべき時に来ている。そして、いい加減米國ありきの外交というものからも〝卒業〟すべきである。

そもそも米國というのは二十世紀において外交政策上取り返しのつかない決定的な間違いを二回犯している。ひとつはソ連を承認し、さらには第二次大戦において「同盟國」として遇したことである、これが戦後ソ連の巨大化さらには東西冷戦の起源となったのは云うまでもない。もう一つは支那大陸の赤化である、さらに支那人及び共産支那がソ連とは違うという幻想を持ち続けたことである。それが今日の中國暴走の遠因である、逆に云えば我が國の防共努力を無視し、経済封鎖により開戦を強いた結果であった。

現在、トランプというエキセントリックなキャラクターを有する指導者を選んだ米國は、明らかに迷走している。諫言を嫌う大統領は、次々に重要閣僚を馘首し、ついにはマティス國防長官のような〝大人〟までいなくなった。今後米國がさらなる迷走を重ね「内向き(introversion)」になれば、我が國にとって「米國抜き」のフレームワークは喫緊の課題となる。試練ではあるが、戦略的には寧ろ良いことであり、我が國主導のＴＰＰ拡大はその試金石となるだろう。「２プラス２（外相、國防相協議）」はじめ豪州や印度は勿論、アセアン諸國やＥＵ諸國とのさらなる連携は不可欠である。

それには、これまでの「道義」や「倫理」という抽象ではない、國益を見据えた複眼思考での独自の外交戦略、云わば「ジャパン・ドクトリン」というべきものを確立せねばならない。そして、それが外交力と両輪たる軍事力及びそれを支える情報力の背景なしでは成就しえないことを強調しておく。勿論、その要諦は「対中抑止戦略」の共有ということに尽きる。

参考文献

林富士馬訳『兵法六韜』（教育社、一九八七年）
産経新聞外信部監訳『中国人の交渉術』（文芸春秋、一九九五年）
塩田純『尖閣諸島と日中外交』（講談社、二〇一七年）
青木直人『田中角栄と毛沢東』（講談社、二〇〇二年）
黄文雄『捏造された近現代史』（徳間書店、二〇〇二年）
中嶋嶺雄『中ソ対立と現代』（中央公論社、一九七八年）
謝幼田、坂井臣之助訳『抗日戦争中、中国共産党は何をしていたか』（草思社、二〇〇六年）

毛利和子・毛利興三郎訳『ニクソン訪中機密会談録』（名古屋大学出版会、二〇一六年）
ハーバート・フーバー、渡辺惣樹訳『裏切られた自由（上）（下）』（草思社、二〇一七年）
李志綏『毛沢東の私生活』上・下（文芸春秋、一九九四年）
小森義久『日中再考』（扶桑社、二〇〇三年）
大平正芳回想録刊行会『大平正芳回想録』（大平正芳回想録刊行会、一九八三年）
田久保忠衛『戦略家ニクソン』（中央公論社、一九九六年）
ウィリアム・バー編、鈴木主税・浅岡政子訳『キッシンジャー「最高機密」会話録』（毎日新聞社、一九九九年）
E・H・カー、井上茂訳『危機の二十年』（岩波書店、一九九六年）
角田順『満洲問題と国防方針』（原書房、一九六七年）
栗原健編著『対満蒙政策史の一面』（原書房、一九六六年）
『毛沢東全集』第二巻、第三巻（新日本出版社、一九六六年）

第十一章　「逆説」の昭和の父子

――「無私の愛國者」山口二矢と父・晋平

（初出：『國の防人　第七号』）

はじめに

今の若い人に山口二矢とは誰かと問うても、答えられる人は皆無に近いと思う。少し政治や現代史に詳しい人でも、浅沼稲次郎社会党委員長（当時）を襲撃した「右翼少年」と答えるだけであろう。今から五十八年前の事件である。私自身もその程度の知識しか持ち合わせていなかったのだが、平成十一年（かなり旧聞に属するが）「産經新聞」一面トップで「山口二矢供述調書」が公開されたことを報じ、その一部を読んでから山口二矢という人物に関心を寄せるようになった。本来、刑事事件の被疑者の調書が公判前にオープンになることは有り得ない。まして被疑者死亡の場合、公判そのものが開かれないので、それは永遠に〝お蔵入り〟となる。だが、かかるものが産経新聞にスクープされ、公表されたわけだ。当時、その調書に感銘を受けた私は「産經新聞」に投稿、幸いにも掲載が許された。以下はその原文である。

「山口二矢調書　純粋さに驚く」

山口二矢の供述調書が三十九年ぶりに公表されたが、十七歳という年齢とは思えないその思想的な発達過程とひたすら祖國を思う純粋無垢な精神には深い感銘を受けた。

無論、テロリズムは断じて許されないものであるが、事後に浅沼氏の遺族にも哀悼の意を表し自裁して果てた山口二矢と、個人の際限ない欲望を満たすだけの物質主義の現代人とは、隔絶したその精神風景は同じ日本人とはとても思えず言葉を失う。ひたすら、祖國の将来を憂い、愛國運動に挺身し、私を捨てたときに初めて本当の忠が生まれると確信したところに、ファナティックなものはまったく感じない。その冷静さは、調書全体を貫いている。

特に日教組にたいする批判はそのままいまも当てはまる正鵠を射たものである。富や権力がなくても自己の思想信条に忠実に大義に生きたその生涯は、そのひたむきさ故にかなしくも、又さわやかなものにも思える。

今までの単なる右翼少年などというレッテルだけで片づけてほしくない人である。

掲載直後、拙稿を読まれた大場俊賢氏より、どこで調べたのか拙宅までわざわざ電話を頂戴し、その労をねぎらって下さった。また当時、軍神杉本五郎中佐の『大義』復刊に尽力されていた元自衛官戸塚陸男氏の主催する「大義研究会」でも拙稿を取り上げて戴くこととなった。その時全くの偶然だが、私も氏の勉強会に参加していたのだ。

特に大場氏とはそれがご縁で新宿の事務所にお招き戴き、二矢のことや民族派運動に関して懇談する機会があった。大場氏は周知のように民族派領袖の一人で、武道学園純正館館主、剣道の達人でもある。当時私は防衛問題や軍事史、政治外交史の論文執筆に多くの時間を割いており、民族派や二矢について何か著すという考えは毛頭なかった。それから二十年近くが経過し、二矢に関することもあまり気に留めていなかったのだが、最近偶然にも二矢の父晋平の著書『白い役人』、『人生飄々』に接する機会があった。

氏自身の過去や身辺のことを描いたエッセイなのだが、その軽妙で洒脱な筆致に魅せられ、一気に読了してしまった。それ以後、再び二矢のことについても考えるようになり、久しぶりに二矢の調書も読み返してみた。浅沼は事件当時六十一歳というかから、現在(平成二十九年)の私と同年齢であり、これも何かの奇縁というふうにも感じている。

年月が経ち事件が風化する中、現在の二矢の評価は依然として単なる「右翼少年」の「テロリスト」というものである。通常、二矢・晋平親子世代では戦争を知る親の世代が守旧派の「保守」であり、その子の世代が左翼志向の「革新」もしくはアメリカナイズされたリベラルというのが典型であろう。だが、山口家の特徴は、戦争を知る世代の晋平より、戦争を知らない世代の二矢がナショナリストという「逆説」の関係になっていることだ。しかも、晋平の「職業」が当時まだ偏見の多かった自衛官という複雑さである。

当然の如く世間はこの父にしてこの子あり、と憶測しただろう。勿論山口家においても、この父にしてこの子ありという必然は存在する。子は親の鏡であるなら、親も子の鏡であり相互に連綿と照らし続ける関係である。だが山口家におけるこの「逆説」はそれに止まらず、二矢の決起により消し難い永遠の影を落とすことになった。

それは、親が子に先立たれるという順逆だけでなく、晋平が自衛官であったが故に耳目を集め、二矢が狂信的な「テロリスト」扱いされ続けたことである。極く一部の人士以外、誰もその行為の眞の意味を理解しようとはしなかったのだ。今もそうである。

今後も世上が二矢を単純に「右翼少年」とか「テロリスト」扱いすることは、同憂諸子同様私には耐えがたい。事件から六十年近く経過した今日、今一度彼の思想とその決起の意味とは何であったのか、中でも晋平という父親の存在が二矢に与えた影響とは如何なるものであったのか、それらを再考することも無駄ではないだろう。

一・昭和の親子

二矢の父晋平は明治四十二年生まれ、東北帝大出身、昭和二十六年に山口進から晋平に改名している。一言で云えば才気煥発の人であり、その生涯も波乱万丈であった。若い頃から演劇に魅せられ岸田國士の弟子となり、自身で劇団まで創設したかと思うと、堅気の保険会社の社員になったり、その後は屋台で飲み屋を経営したり果ては占い師、ヤミ屋まで経験している。

大東亜戦争中は陸軍通訳でジャワに駐留し、戦後は一転國税庁勤務を経て人事院報道課長、二矢が事件を起こした時には防衛庁勤務の1佐で広報誌の編集長を務めていた。このように自身の波乱と曲折に満ちた前半生を記したのが、先の二書である。私は直感的にこの父にしてこの子ありということを考え、久しぶりに大場氏を訪い、二矢のことを改めて問うてみた。氏は思いのほか言葉少なであった、それは「テロリスト」というレッテルを未だに剥がさない世間への諦観故のようにも感じた。二矢のデスマスクも所蔵しておられ、「産經」がスクープした供述調書は氏が拘置所から密かに持ち去り、写したものであったという。

そこで私が気付いたのは、これまで二矢に関して、纏まったものがほとんど世に出ていないということである。唯一、沢木耕太郎氏の『テロルの決算』があるのみである。これは二矢と浅沼両者の視点から取材した力作であったが、晋平への言及は少なく、前記の晋平の二書も参考文献に入っていない。何よりノンフィクションということなので、いい意味でも悪い意味でも、〝冷めた〟視点で描かれている印象が強い。

いずれにせよ、どう考えても十七年という生涯は余りに短い。だが、その短さ故に閃光の如く激しく駆け抜けた二矢の存在とは稀有どころではなく、無二であることも間違いない。勿論、それは今、結果論として云えることでもある、そして当時の晋平・二矢は他にどこにでもいた〝昭和の親子〟であったということも又事実である。

父親世代は、満洲事変、支那事変、大東亜戦争と命を的に戦った挙句の敗戦である。世界に冠たる大日本帝國臣民としての誇りは反古の如く捨てられ、「現行憲法」という米國のリベラリストが俄仕込みで書いた抽象的作文が、金科玉条となり、世の中の価値観全てが逆転するのを目の当たりにしている。

勿論、いつの時代にも時流に迎合することに何の抵抗もなく生きられる人はいる。軍人全盛の時代には軍に迎合した同じ人間が、戦後は手のひらを返したように「民主主義」を呼号し、「現行憲法」を後生大事に出来るのだ。言論界においてさえ、「営業左翼」という言葉があって、当時はそのスタンスでなければ原稿の注文が来ないので、リベラルな〝ふり〟だけしていたのだ。メディアもごく少数を除いて、すべてラジカルな左翼であった。

我が國の「戦後」とは、単なる〝干戈の後(post bellum)〟ということではない。大日本帝國及び帝國陸海軍という維新以来営々と築いた國家体制の終焉であり、七年の占領期間は國家そのものさえ否定しかねない状況を創出していた。その代わり、西欧人が普遍的と称する「自由」や「民主主義」、「基本的人権」さらには「市民」という抽象的で無國籍な概念が支配するに國に成り下がった。

國民の多くも敗戦によりそれまで信じてきた価値観が否定されたことで、自身の「存立理由(raison d'être)」も見失っていた。だが、人間はそれでも生きていかねばならない以上、自身と家庭維持のため意に添わない仕事もする。明治人や大正人の苦衷と葛藤は、晋平だけでなく大東亜戦争を戦った人々に共通するものであった。

二・ディレッタントの父・晋平

二矢・晋平親子も昭和の親子の類型ではあったが、晋平が相当多様な人生経験者であり、それが二矢にも様々な局面で影響を与えたことは否定出来ないだろう。その破天荒ぶりは、晋平の著書からも読み取れる。それによれば晋平は何と幼稚園の頃から既に飲酒を習慣にしていて、父親に連れて行かれた花見や運動会等において芸者からも一献受けていたという。さらに驚くのは、晋平の父親は飲酒の習慣がないのに、晋平の飲酒には一切干渉せず、飲むにまかせていたということだ。この辺りの個人主義は徹底していて、晋平にも受け継がれ、そして二矢へも影響を与えたようだ。

この習慣は亢進して運動会花見等だけでなく、小学生の頃は既に父親の代理として町内の寄合にも出席し、折詰で一杯やっていたというから、時代というものであろうか。同じようなことを晋平より二十歳年長の作家内田百閒は幼稚園入園前から煙草を吸っていたことが自慢で、岡山中学時代は校舎の影で一服する同級生を横目に中学校では一服もしなかったと記している。

我が國の未成年の喫煙については明治三十三年、飲酒は大正十一年に禁止されたので、百閒の喫煙も晋平の飲酒も強ち特殊例ではなかったのだろう。明治や大正という時代の意外な自由奔放さは、我々の想像以上かもしれない。

晋平の生涯に亘る人格を形成したのは、成城高校（旧制七年制）においてである。当時第一高等学校等官立は旧制中学四年修了から受験出来る学校であったが、私立の七年制高校は旧制中学相当学年を合わせ持った一貫校で、東京では成城の他、成蹊、武蔵高等学校があった。何れも帝國大学等に進学できる少人数のエリート校である。尤も晋平が成城中に入った頃は、未だ高校が併設されてなく、これから出来るということであった。晋平が成城に入った頃は私立の七年制高校は武蔵高校一校のみである。

読者諸子は、今の高等学校新設を想像してはならない、同世代の僅か数パーセントしか大学に行けない時代の、その中でも旧帝大への進学が約束されている旧制高校の新設である。高校が新設されるといっても誰も信じなかった時代である。かかる状況の中、許認可権を持つ文部省を説得してそれを実現させたのが、後に教育者として著名となる小原國芳であった。御蔭で晋平は無試験で、一期生として新設成城高校に入学出来たのである。

当時小原は成城学園の主事に過ぎなかったが、京大で教育学を学んだ俊英であり、周知にように成城学園に飽きたらず玉川学園を創設して、彼の目指す更なる理想の教育を実践していた。小原に一貫するのは自由主義的教育である。放任主義ではない、個人尊重の教育である。その中で晋平も小原に相当感化されたようで、成城高校から東北帝大法学部へ進学後、ますますその自由奔放さに磨きをかけ、野放図な学生時代を送ったようだ。

卒業後の晋平は、ディレッタントとしての面目躍如たるべく、既述したように気の向くままに多様な職業を経験した挙句の役所勤めである。最後に公務員というのは奇異にも見えるが、戦後の混乱期に晋平も家庭維持のため安定というものを欲していたのだろう。

ちなみに晋平の配偶者は作家川上浪六の三女君子で、彼女が二矢の母である。川上は歴史ものや侠客ものが得意だった明治からの大衆作家であり多くの著書を残している。二升は飲めるという晋平とは対照的に、川上はその作風に似合わず下戸であったようだ。二矢はその孫であり、兄朔生とともに晋平の敬愛する小原の玉川学園に通っていた。

三．「逆説」の親子関係

父晋平がディレッタントであったからと云って、親の形質がそのまま遺伝するわけではない。親子が別人格であることは自明だし、性格や性質だけでなく、育った時代や環境も全く違う。だが、「情」より「理」を好む晋平の性格は、二矢にも受け継がれていたようだ。正義感が強く、少々融通が利かないタイプである。思い込んだら即行動、命懸けでやるという一途な徹底主義は、二矢のほうが強かったかもしれない。

勿論、晋平も二矢の早熟な政治活動を一〇〇％受容していたわけではなかったが、傍から見れば相当の寛容を以て接していたように見える。そうしたのは晋平の人生観やこれまで歩んだ人生と不可分に関係して、かかる態度となったとも云えるだろう。仮に晋平がもっと強硬に二矢の政治活動を自制させていれば、二矢の浅沼襲撃はなかったかもしれない。
常識的に考えれば、実子が十代で何度も街宣車等政治活動で警察の厄介になっていれば、もっと強く諌止するのが普通である。事実、二矢は事件前の半年間だけで十回以上検挙されていた。だが、晋平は二矢の自主性を尊重して、そうしなかった。自身の「自由」同様二矢の「自由」も最大限に許容していたのだ。

晋平は、明治生まれとしては相当の自由人であるが左翼志向ではない、戦後は自衛官にまでなった人間である。そして息子は「戦後民主主義」で育ったにも拘わらず、それとは眞逆の尊皇志向のナショナリスト、愛國者となった。二矢の選択する「自由」の方向性は晋平の考えるものとは違い、寧ろ自身の束縛を強制するように晋平には見えたのではないか。

世代論からすれば眞逆にみえるような、この「逆説」がフィルムのポジとネガの如く、二矢・晋平の表裏の親子関係であった。自由人晋平という父があってこそ、愛國者二矢はあり、晋平のリフレクションが二矢でもあるのだ。

二矢は晋平の次男として昭和十八年二月二十二日に出生、長男朔生（さくお）は昭和十六年生まれの二歳上である。二並びの日に生まれたので二矢と名付けられた。二矢という名前も珍しいだろうが、朔生も余りつけられない名前であろう。朔生とは文字通り最初と云う意味でつけたようで、二矢は文字通り次男という意味も込められている。

昭和三十四年五月高校二年の時、二矢は大日本愛國党に入党。当時党首の赤尾敏は知らぬ人のいない、戦前は代議士も務めた著名人である。赤尾は行動派でならし、街宣活動を重視していた。二矢も、街宣活動の先頭に立ち、少しでもヤジが出るとそれを飛ばした人間に突っかかっていたというから、相当の熱血漢であったらしい。

晋平は入党を切望する二矢の考えを入れ、事前に赤尾と面談していた。ますます行動が過激になりそうな二矢を「制御」するには、逆に赤尾の「指導」が必要と考えたのであろう。晋平は意外に物腰の柔らかい赤尾という人物にも好感をもち、頭を下げた。

実は、山口家では兄朔生が入党はしていなかったものの二矢より前に愛國党で活動していたことがあった。二矢はそれに触発され赤尾の演説会に出かけたのが、入党する契機となっていた。夙に演説上手で有名だった赤尾は、民族派運動に全身全霊挺身する決意の二矢の心を固く摑んだに違いない。

晋平にとっては、兄弟揃って政治活動することは大いなる心配の種だった、親としては当然の感情だろう。少なくとも高校卒業してからやれと諭していたが、二矢の熱意に負け、「破廉恥罪だけはするな」とだけ釘を刺し許容してしまった。一方、朔生のほうは、二矢に比べると既に熱意が薄れていたようだった。二矢は、親の〝お墨付き〟を得たと考え、運動に没頭、益々過激さを深め、左翼への憎悪を増幅していった。

四．「自裁」

―十七歳、死出の旅路に―

昭和三十五年十一月二日。二矢は勾留されていた東京拘置所で、「七生報國　天皇陛下萬歳」と歯磨き粉を水で溶かしたもので壁に記した後、自裁した。浅沼襲撃決行前に予め辞世の歌も作っていた。「國の為　神州男子　晴れやかに　ほほえみ行かん　死出の旅路に」「大君につかえまつれる　若人は　今も昔も　心変らじ」の二首である。憂國の熱い思いが純情に吐露されてはいるものの、措辞が単純すぎて決して巧いとはいえない。もっとも十七歳の少年の歌であり、巧拙を問うものでもないだろう。

大事を起こす前の気負いが満面に感じられ、自分に対して自身が起こそうとしている行為の意味を確認しているようでもある。だが、沢木耕太郎氏によれば、これらは二矢の「決起」を拒絶した愛國党の吉村法俊氏のものであり、氏が「餞」に贈ったものだという。真偽はわからないが、それを問うことも、あまり意味がないように思う。当時の二矢自身に憂國の至情が横溢していたことは、事実であり、それが表現されていれば歌の巧拙や誰の作かは問題ではないだろう。

二矢は、愛國党在籍のまま行動することは党に迷惑がかかるということで、浅沼襲撃の五ヵ月前に離党していた。全くの単独行動であった。当時、自衛官であった晋平は息子との関係を「皮肉」と云ったという。生涯リベラリストであった晋平の影響下育った二矢が、民族派運動に走ったという「逆説」を、そう表現したのである。そして、この「皮肉」は、二矢が政治活動の果てに浅沼を襲撃し、自裁して果てたことで悲劇として終わった。

晋平は自衛隊に奉職していたものの、本来的に軍人志向の人ではない。広報の専門家として、云わば、糊口を凌ぐためであった。もし父親としての影響があるとすれば、二矢はもっとリベラルに走っていたはずだ。だが、現実は、その真逆にいってしまった。

二矢は、晋平の考える「自由」とは正反対の、自己の欲望を封印するような、ある意味ストイックとも云える志向であった。人は何の為に生まれてきたのか、誰でもその意味を考えるだろう。二矢もそれを探していた。そして十七年の短い生涯の中で、國體と大和民族の為に生きるという自身の意思を確認、その為の運動に挺身する決意をしたのである。

逆に云えば、その為には死すことも可なりということであり、この時点で、二矢は既に「無私」の境地に達していた。究極の利他主義(altruism)である。それが唯一自身の生まれてきた意味であり、かつ自身を〝活かす〟ための「自由」と考えていたのだと思う。

ステロタイプに云えば十代は〝純粋で感じやすく、傷つきやすい〟、二矢もそういう面があった。一心不乱に猪突猛進した結果の自死であった。それを暴挙や愚挙と批判することも容易い。だが、二矢にそうさせたもの、彼の本質、その思想を理解することなくして単なる狂信的な「テロリスト」という批判は、余りに皮相的であり、また同時に故人への冒涜でもある。

五．「無私の愛國者」

二矢に、私人としての浅沼への恨みはなかった、公人・社会党委員長としての浅沼のそれまでの言動に対する憤怒から行動を起こそうとしていた。特に昭和三十四年四月、浅沼が訪中して〝米帝國主義は日中人民共通の敵〟発言があり、これに二矢は激しく反応した。だが、この発言は、浅沼のものではなく支那側の発言であり、浅沼はそれに頷いただけだったと元社会党委員長の勝間田清一は著書に記しているが、帰國後の演説では同様のことを浅沼は云っている。

浅沼は清廉を貫いた庶民派政治家として人気が高かったが、転向の人でもある。元々は無産政党農民労働党の書記長だったが、やがて麻生久とともに社会大衆党で陸軍主導の「高度國防國家」建設のための國家社会主義的な政策を支持し、大政翼賛会の副部長にも就任、斉藤隆夫（所謂「粛軍」演説で有名）の除名動議にも賛成している。戦後は一転、右派社会党書記長から統一社会党書記長を務めていた。

二矢の〝的〟は幾つかあって、浅沼だけではなく、共産党の野坂参三、日教組委員長の小林武、また自民党の河野一郎等も入っていたようだ。だが、浅沼がオープンな大衆演説会で壇上に立つと聞き、彼を〝的〟に定めた。

二矢は兎に角行動することを渇望していたようだ。二矢にとって「國賊」は、浅沼はじめ幾らでも存在した。彼等をそのまま放置することの害悪は計り知れない、一刻も早く「天誅」を加えずにはいられなかったのである。二矢は冷静に実行可能な計画を立てた、やる以上は必ず止めを刺す決意であった。

普通これだけの大事を計画すること自体、人間を尋常の精神状態には置かない。まして実行後は極度の興奮状態に陥るのが普通であり、取調も困難を極めるはずだ。だが、事件後の二矢は非常に冷静で、取調にも丁寧に対応、浅沼の家族へ深甚な哀悼の意を述べることも忘れていなかった。勿論二矢は成熟した大人ではない、思慮や知識も十全ではない。だが、少なくとも浅沼襲撃は若さ故の短慮の行動ではなかったということだ、自身で冷静に考え決断した結果であった。

そこには憂國の至情、〝やむにやまれぬ大和魂〟だけが抑え難く存在し、その純粋無垢な精神は比類ないものだった。故に、一旦走り出したら最後まで全力疾走、斃れて後に已むしかない宿命だった。何もかも計算づくの「大人の知恵」とか「常識」とは眞逆の、全くの「無私」なのである。だから二矢は強かった。だが、それ故の悲劇的な運命も避けられなかったのである。私にはそれが譬えようもなく哀しく又美しくもみえる。

おわりに

――「聖なる狂気を知る」「狂信狂態の徒」――

かつて原敬を襲撃した中岡艮一、浜口雄幸を襲撃した佐郷屋留雄は自裁することなく無期判決後減刑され出所、大東亜戦争後も生き続けた。中岡、佐郷屋の行動は他者からの教唆も考えられるが、二矢にはその形跡が全くない。誰に言われたわけでなく自身だけでの決断である。決行前から自決を覚悟、自己を顕示することのない「無私」を貫いた者であったが故に、「爆弾三勇士」の如く一心に突進出来たのである。人生を自身で総括することは誰にでも出来ることではない、まして花も実もある弱冠十七歳。

保田與重郎は「少年にして亡ぶことは美しい。（中略）日暮れて道遠い嘆きの中で心悩むものよりも、道の中途にして没するもののよそめにも美しいことは、多くの海の内外のロマンテイクらがひとしく自身の宿命で示したやうに、自分らの苦悩の生涯と作品の中途に陽春の橋上より遥かな水中に身亡したものがつねに未来の道を歩んでゐるからであらう」と云う。

同時に私は、中島敦の名作『悟浄出世』の女偊氏の「聖なる狂気を知る者は幸いぢゃ。彼は自らを殺すことによって、自らを救うからぢゃ。聖なる狂気を知らぬ者は禍ぢゃ。彼は、自らを殺しも生かしもせぬことによつて、徐徐に亡びるからぢゃ」という言葉を思い出さずにいられない。「自らを殺すこと」つまり「無私」を貫くことによってしか、本当の忠というものは生まれない。彼が願うのは、純粋に國體と大和民族の永遠だけなのである。あらゆる行動には責任が伴う、二矢も自身の行動を「不法」と理解していたからこそ自裁したのだ。我々の如き凡夫が所詮大椿の寿も、朝菌の夭も同じと云うのは容易い。だが、二矢は文字通り「みずからを殺すこと」それを翻然大悟として、何の躊躇もなく毅然と行えた。

これこそ吉田松陰が云う「狂」の思想、陽明学でいう実践的な理想主義である。二矢も松陰同様「聖なる狂気を知る」「狂信狂態の徒」であった、そしてそこに「無私」が貫かれることで、本当の忠が生まれた。二矢は夭折の代償として、「無私の愛國者」という永劫の地位を手に入れたのである。

第十二章　「死処」を求める「思想」

（初出：「ゐしんぴあ」三十四巻三号）

我々が思想といふものを考へる時、例へば毛沢東の思想といふものが既にあつて、その言葉だけを恣意的に切り取り、都合よく応用することがある。だが、それでその思想を理解したといふこととは別であるのは当然だらう。何故ならその思想とは、毛沢東その人の存在そのものであり、彼が苦闘した思索過程こそが重要であるからだ。『矛盾論』や『実践論』は、共産党内の権力闘争において、その指導原理として何が正しく何が有効かを毛自身が格闘、實践したことに意義がある。その時にこそ、思想が生きるのである。

これは、かつて日沼倫太郎が指摘したやうに、日本人の多くが思想といふものを自由自在に切り取れるものとして、つまりは思想の「生産過程」を考へるのではなく、「消費過程」でしか考へてゐないといふことだ。「生産過程」といふのは、それを考へた人の遍歴、思索の過程であり、そこでの苦闘の歴史でもある。端的に云へば、思想とは人である。それを他者がそのエッセンスだけ恣意的に切り貼りして繼ぎ合せても、それらは淺薄な言葉の羅列となるだけである。

つまり我々が『矛盾論』や『実践論』から帰納された「思想」の「切り貼り」だけしても、現在の問題の解決には何の役にもたたないといふことだ。毛にとつて、延安でその時發生してゐた「矛盾」を解決（勿論権力闘争であるが）するために「思想」が必要だつたのである。だが、その「思想」も一旦「教義化」、イデオロギイとして「絶對化」すれば、それは宗教と同じである。

宗教の危険性といふものはその神學的絶對性にある。批判や批評を許容しないことだ。また思想に限らず自由な発想や表現が、その絶對性と相いれないのも自明である。かかる意味で、宗教とは「無効」となつた思想の別名と云へるかもしれない。だが、皮肉なことに思想として「無効」でも、イデオロギイ、組織さらには國家支配のレトリックとしてはいまだ十分「有効」な場合がある。

その典型が共産主義である。「労働者」と「資本家」といふ単純な二分法を基礎とする既に「無効」となつた「革命思想」が、一度たりとも人民を幸福にすることはなかつた。その頂点に君臨した獨裁者の多くは、中世の絶對王政の君主の如く「親政」を恣にした挙句の自壊だつたのは周知である。現在、そのシンボルたる鎌と槌は、共産主義の寓意にもなつてゐない。だが、形骸化した統治理念を正当化し、いまだにその「有効性」を強弁する指導者がゐるのもまた事実である。

このやうに思想を「有効」たらしめることは、寧ろ稀有なのかもしれない。その稀有な例に三島由紀夫氏、なかでも『英霊の聲』といふ作品がある。この作品は誤解や誤読が多く左右両派から物議を醸した問題作でもあつた。だが、この作品は單なる机上の創作ではない、氏の根底にある醇乎たる思ひが正真正銘吐露されてゐることで際立つてゐる。これは『午後の曳航』『三熊野詣』等の作品と比べても歴然である。

三島氏にとつて、戦後の天皇陛下の所謂「人間宣言」が、非常なる衝撃であつたといふ。

作中「などてすめろぎは、人間（ひと）となりたまひし」と絶叫するその人は、氏自身である。「その方たちの志はよくわかつた、その方たちの誠忠をうれしく思ふ。こころ安く死ね」との陛下の御言葉に軍服を脱ぎ、雪の降るなか御馬前で、兵たちの歔欷を聞きつつ次々に自決する将校たち。その瞬間、突如白馬から降り畏くも挙手の禮でお送りになる陛下、そして龍顔に流れ給ふのは幾筋もの御涙である。彼らの至誠に御感あらせられた御涙は、彼らの死を正しく至福の姿とせしめ、彼らの法悦は最高潮に達する。

　このやうな圧倒的描写は他の作品には決してない、そこには作り物でない三島氏の根幹たる「思想」があつた。氏が天皇といふ存在の絶對化とその純化を志向するが故に、「などて」と血を吐くやうな絶叫で「五内爲ニ裂ク」姿を我々は見る。一言で云へば「恋闕」の極みである、狂ほしいばかりに我が國體と天皇陛下を恋うてゐるのである。

　これは三島氏の文学上のレトリックとか形式といふ次元を超え、氏の存在そのものである。宿命と云つてもいい、その後の市ヶ谷台での行動も「恋闕」といふ「思想」が「有効」であつたからだ。二・二六の将校たち同様「捨石」とならむ志（こころざし）、素より自身の価値を高め、誇示する精神などない。絶望と諦観が混在する「などて」といふ一語に籠るのは、他方でいまなほ狂はんばかり天皇陛下に恋ふるアンビィヴァレンス（ambivalence）なのである。その帰結として敢へて「主君」に「諫言」する行為、それが直ちに死を意味することも自明だが、そこに苦悩の姿はない、「臣」として「死処」を得た喜びに打ち震へてゐる。

剛毅木訥を旨とする武士は、知恵をひけらかす利口者を嫌ふ、むしろ愚鈍たる直といふことを貴ぶ、己の非を知り、一生奉公とはと悩み続けるのである。その中で「死処」を得るといふことは、それから解放される僥倖でもある。三島氏も武士であるが故に、「死処」を求めた末の「僥倖」たる死を獲得出来たのである。

堀　茂（ほり　しげる）

昭和31年生まれ。立教大学経済学部卒、杏林大学大学院国際協力研究科博士後期課程修了。現在、公益財団法人国家基本問題研究所客員研究員、一般社団法人日本経綸機構専務理事、軍事史学会、国際安全保障学会、政治経済史学会の各会員。
著書に『昭和初期政治史の諸相』（展転社）がある。

天皇が統帥する自衛隊
「國體」と「國防」

令和元年十月一日　第一刷発行

著　者　堀　茂
発行人　荒岩　宏奨
発　行　展　転　社

〒101-0051　東京都千代田区神田神保町2-46-402
TEL　〇三（五三一四）九四七〇
FAX　〇三（五三一四）九四八〇
振替〇〇一四〇―六―七九九九二

印刷製本　中央精版印刷

定価［本体＋税］はカバーに表示してあります。

ISBN978-4-88656-491-7